专家释疑解难农业技术丛书

奶牛养殖技术问答

主 编

张拴林

编著者

黄应祥 刘 强

王伟伟 张拴林

金盾出版社

内 容 提 要

　　本书针对现代奶业各主要生产环节中存在的疑问或问题,从实用性、可操作性入手编写,尽可能给予详尽的资料和解决方案,具有较强的实践指导价值。全书分 10 章,包括牛场的防疫体系建设、奶牛品种的选择、奶牛的生物学特性、奶牛的营养需要、奶牛的饲料及其加工、奶牛的饲养管理、奶牛繁殖技术、牛场建筑、牛病防治、牛场经营管理内容。本书内容充实,语言精练且通俗易懂,行文流畅。本书可供牛场职工、养牛专业户、基层畜牧兽医工作人员、从事畜牧科技与管理的人员以及有关院校师生阅读参考。

图书在版编目(CIP)数据

　　奶牛养殖技术问答/张拴林主编 . --北京 : 金盾出版社,2010.9
　　(专家释疑解难农业技术丛书)
　　ISBN 978-7-5082-6579-7

　　Ⅰ.①奶… 　Ⅱ.①张… 　Ⅲ.①乳牛—饲养管理—问答 Ⅳ.①S823.9-44

　　中国版本图书馆 CIP 数据核字(2010)第 149967 号

金盾出版社出版、总发行

北京太平路 5 号(地铁万寿路站往南)
邮政编码:100036　电话:68214039　83219215
传真:68276683　网址:www.jdcbs.cn
封面印刷:北京凌奇印刷有限责任公司
彩页正文印刷:北京兴华印刷厂
装订:双峰印刷装订有限公司
各地新华书店经销
开本:787×1092 1/32　印张:7.5　字数:157 千字
2010 年 9 月第 1 版第 1 次印刷
印数:1～10 000 册　定价:12.00 元
(凡购买金盾出版社的图书,如有缺页、
倒页、脱页者,本社发行部负责调换)

前　言

　　党的十七大报告提出,要加强农业的基础地位,走中国特色农业现代化道路,坚持把发展现代农业、繁荣农村经济作为首要任务。奶业是现代农业体系和我国国民经济的重要组成部分,乳品是与人民生活息息相关的"菜篮子"产品。大力发展奶业,对于优化农业产业结构、增加农民收入、稳定农村经济、改善居民膳食结构、增强国民体质具有极为重要的意义。

　　自20世纪90年代以来,随着我国社会、经济的发展,特别是加入世界贸易组织后我国农业国际化程度的提高,我国奶业得到了迅速的发展,取得了巨大的成就。奶牛存栏量、奶类总产量和人均占有量都实现了历史性的突破,和国际组织以及机构的科研和技术交流空前活跃。由于跨国供应商登陆我国,国内奶业的装备水平也上了一个台阶,奶业正在经历着由传统、粗放的经营模式向着集约化、精细化模式转型和过渡。牛奶这种过去主要由社会上层的达官贵人以及老弱病残特定群体享用的食品,随着城乡居民收入水平的提高和膳食结构的改善,已经成为居民的日常食品和重要的动物蛋白质来源和优质钙源。

　　在看到成绩的同时更要居安思危,我国奶业目前存在着较大、较为深层次的问题。核心的问题是从扩充奶牛数量的外延式发展模式向质量效益型发展模式转变中出现的问题。主要的原因是,因为奶业是畜牧业中产业链最长、技术环节最多、高新技术及设备应用最为密集的产业。要实现奶业可持续发展,就必须在保证奶牛健康的前提下,提高奶牛个体产奶量、保持其良好的繁殖性能和延长使用年限,这是奶牛养殖获得高产高效的基础和关键。这些问题主要表现为行业层面、技术层面和政策层面等。

面对种种问题和挑战,研究新思路、探索新方法,抓住新一轮的发展机遇,不断提高效益和生产能力,就能以不变应万变,在竞争中前进,在风雨中发展,最终实现奶业现代化。

鉴于上述原因,我们编写了本书。本书第一章和第六章由张拴林编写,第二章由刘强编写,第四章由黄应祥编写,其余由王伟伟编写,最后由张拴林统稿。限于时间和水平,工作中难免出现不足,敬请读者批评指正。

编 著 者

目　录

一、牛场的防疫体系建设

1. 奶牛的传染病有哪些危害？

奶牛传染病是危害奶牛生产最严重的一类疾病，它不仅可造成奶牛的大批死亡和产品的损失，使奶牛业的效益下降，而且某些人兽共患传染病还给人民健康带来严重威胁。例如，口蹄疫是传染性强而病死率并不高的传染病，由于奶牛的采食量下降严重，牛奶不可以食用，使得效益降低，影响奶牛体质，造成很大的经济损失。人兽共患的布氏杆菌病（简称布病）、结核病、炭疽、钩端螺旋体病等都能严重影响人类健康，因此防控传染病的发生对于奶牛业的健康发展具有十分重要的意义。

2. 奶牛的疫病怎样分类？

根据中华人民共和国动物防疫法和我国农业部颁布的现行法规规定，将奶牛的疫病分为 3 类，一类疫病是指对人兽危害严重、需要采取紧急、严厉的强制预防、控制、扑灭措施的疫病。国家有关部门公布的一类疫病是口蹄疫、蓝舌病、牛瘟、牛肺疫；二类疫病包括炭疽、布氏杆菌病、结核病、副结核病、牛白血病、传染性鼻气管炎、牛恶性卡他热、牛出血性败血症、牛焦虫病、牛锥虫病、日本血吸虫病、钩端螺旋体病等；三类疫病包括牛流行热、牛病毒性腹泻-黏膜病、毛滴虫病、牛皮蝇蛆等。

3. 奶牛场防控传染病的原则和措施有哪些?

坚持"预防为主,防重于治,自繁自养"的原则,还要建立科学的饲养管理制度和严格的防疫措施。

(1)建立科学的饲养管理制度 根据牛的生长发育、泌乳性能、妊娠等不同情况,制定科学的饲料配方,保证蛋白质、碳水化合物、矿物质、维生素和水等各种营养物质充足和平衡;饲料品质良好,无霉烂变质;饲养管理制度规范,厩舍清洁、卫生、干燥,冬季保温,夏季防高温,防止过于拥挤,饲养环境安静,无强噪声等异常刺激,避免发生应激反应。

高生产性能的奶牛,应对乳房炎、繁殖器官疾病和酮病等常见多发病进行必要的监控,某些体内外寄生虫,在一些发病率高的地区,应定期驱虫和制定预防措施,是保证牛群健康和正常生产的重要环节。

(2)平时预防措施 严格执行定期防疫接种和检疫计划,监测的疫病应包括口蹄疫、蓝舌病、炭疽、结核病、布氏杆菌病,还应根据当地实际情况选择一些必要的疾病进行监测。

牛舍周围环境和运动场,每周用2%火碱液消毒或撒生石灰1次,场内污水池、下水道出口及粪污场,每月用漂白粉消毒1次。

牛舍在每班牛下槽后应彻底清扫干净,要定期用水冲洗,并用一定浓度的次氯酸盐、有机碘混合物、过氧乙酸、新洁尔灭、煤酚皂溶液等进行喷雾消毒或熏蒸消毒。

定期对饲喂用具、饲槽、料车等以及日常用具(如兽医器械、配种用具、挤奶用具等)用0.1%新洁尔灭或0.2%~

0.5％过氧乙酸溶液进行清洗消毒。

外来人员进入场区时，要更换工作服和工作鞋，并经紫外线消毒。

助产、配种、注射治疗对奶牛进行接触操作前，应先将奶牛有关部位进行消毒擦拭。

在场区内杂草和水坑等蚊、蝇孳生地，定期喷洒消毒药物，消灭蚊、蝇。

定期、定点投放灭鼠药物，及时收集死鼠和残留鼠药，并做无害化处理。

剩余、废弃的疫苗和使用过的疫苗瓶、药瓶等废弃物不得乱扔。应按《畜禽养殖业污染物排放标准》的要求处理。

奶牛场粪便及废弃物要进行无害化处理。

引进牛只应有严格的检疫措施和隔离观察期。

4. 奶牛场怎样检疫和预防免疫?

(1)检　疫

第一，根据国家动物防疫法、家畜家禽防疫条例及实施细则的有关规定，对严重危害奶牛生产和人体健康的奶牛疫病实行计划免疫制度，实施强制免疫。

第二，每年春季和秋季对全群进行布氏杆菌病和结核病的检疫。

结核病检疫采用结核菌素试验，每年春、秋各1次。可疑牛经过2个月后用同样方法在原来部位重新检验。检验时，在颈部另一侧同时注射禽型菌素做对比试验，以区别出是否结核牛。两次检验都呈可疑反应者，判为结核阳性牛。凡检验出的结核阳性牛，一律扑杀。

布病检疫每年2次，于春、秋季进行。先经虎红平板凝集试验初筛,试验阳性者进行试管凝集试验,出现阳性凝集者判为阳性,出现可疑反应者,经3～4周,重新采血检验,如仍为可疑反应,应判为阳性。阳性反应牛只一律扑杀。

第三,在牛群中应定期开展牛传染性鼻气管炎和牛病毒性腹泻-黏膜病的血清学检查。当发现病牛或血清抗体阳性牛时,应采取严格防疫措施,必要时要注射疫苗。

第四,对口蹄疫、牛白血病、副结核等进行临床检查,必要时做实验室检查。检查出阳性后按有关兽医法规处理。

(2)预防免疫

①口蹄疫免疫　每年春、秋两季用同型的口蹄疫弱毒苗接种1次,肌内或皮下注射,1～2岁牛1毫升,2岁以上牛2毫升。注射后14天产生免疫力,免疫期4～6个月,1岁以下牛不接种。

②布氏杆菌病免疫　对检疫为阴性的奶牛用布氏杆菌19号弱毒菌苗,只用于尚未配种的母牛,在6～8月龄免疫1次,必要时在妊娠前加强1次。每次颈部皮下注射5毫升,免疫期7年。但成年母牛和妊娠牛不宜使用。布氏杆菌羊型5号冻干弱毒菌苗,用于3～8月龄犊牛,皮下注射,免疫期1年。

③炭疽免疫　每年春季预防接种1次。炭疽菌苗有3种,可任选1种。

无毒炭疽芽孢苗,1岁以上的牛皮下注射1毫升,1岁以下的牛皮下注射0.5毫升。

炭疽芽孢苗,适用于不同年龄牛,皮下注射1毫升,注射后14天产生免疫力,免疫期1年。

炭疽芽孢氢氧化铝佐剂苗,是无毒炭疽芽孢苗和炭疽芽孢苗的10倍浓缩制品,使用时以1份浓缩苗和9份氢氧化铝胶稀释后,按无毒炭疽芽孢苗或炭疽芽孢苗的用法和用量使用。

(3)免疫注意事项

第一,疫苗应按规定保存,注射时如遇瓶盖松动、破裂、瓶内有异物或凝块应弃用。

第二,免疫时做好详细记录,首免及时佩戴免疫耳标。

第三,免疫时应详细记录疫苗生产厂家、批号、操作人员等。

第四,注射所用的针头、针管等器具应事先进行消毒。注射部位经剪毛消毒后注射疫苗,严禁"飞针"方式注射,注射时针头逐头更换,禁止1个注射器供两种疫苗使用。

第五,注射量严格按照疫苗使用说明书进行。

第六,注射疫苗时,应备足肾上腺素等抗过敏药;凡患病、瘦弱及临产牛(产前10～15天)缓注疫苗,待病牛康复、体况恢复及产后再按规定补注。

第七,疫苗包装容器使用后应焚烧深埋。

5. 发生疫病后怎样处理牛群?

疫病种类虽然比较多,但一旦发生后,通常采取以下措施进行处理。

(1)隔离 发生传染病时,应首先查明牛群中疫病蔓延的程度,逐头检查临床症状,必要时进行免疫学检查。根据诊断检查结果,可将受检牛分为病牛、可疑感染牛和假定健康牛3类,并进行隔离,从而中断流行过程,可以消除和控制传染源,有利于把疫情控制在最小范围内,就地扑灭。

(2)封锁 当发生某些重要传染病(如口蹄疫、炭疽、布氏杆菌病等),或当地新发现的传染病时,除严格隔离病畜之外,应立即报请当地政府机关,划定疫区范围,进行封锁,以防疫病向安全区散播和健康牛误入疫区而被传染,把疫病控制在封锁区之内,发动群众集中力量就地扑灭。

(3)免疫接种 免疫接种可以使牛机体产生特异性抵抗力,让易感牛转成不易感牛,据其进行时机不同,分为预防接种和紧急接种,在经常发生传染病地区或传染病潜在地区,或受到邻近地区某些传染病威胁的地区,为防患于未然,每年有计划地给健康牛群进行的免疫接种为预防接种。当发生传染病时,为迅速控制和扑灭疾病的流行,而对疫区和受威胁地区尚未发病的奶牛进行的免疫接种为紧急接种。

(4)药物预防 牛场可能发生的传染病种类很多,其中有些传染病目前已研制出有效的疫苗,还有不少病尚无疫苗可以利用,有些病虽有疫苗但实际应用还有问题。因此,应用药物预防也是一项重要措施。一般是把安全、价廉的药物,拌入饲料和饮水中进行预防。但要注意,长期使用某些药物易产生耐药性,影响效果,因此需要用药敏试验选择敏感药物来应用,或几种药物交替使用。

(5)尸体处理 患传染病的牛尸体是一种特殊的传染源。因此,及时而正确地处理尸体,在防治传染病和维护公共卫生上具有重要意义。尸体的处理方法有加工利用、掩埋、发酵和焚烧等。

(6)杀虫和灭鼠 蝇、蚊、蜱、虻等都是牛传染病的传播媒介,鼠类也是很多种人、兽传染病的传播媒介和传染源。杀灭这些害虫和鼠类,对预防和扑灭牛传染病以及保障人民健康方面都有重要意义。

(7)加强饲养管理 满足牛群的营养需要是提高牛群免

疫力的物质基础,饲喂犊牛的牛奶必须经过煮沸后饲喂,母牛分娩后认真处理好胎衣、产道分泌物,并对产房彻底消毒,经常性清理环境卫生和进行消毒工作。

二、奶牛品种的选择

6. 目前在我国比较适宜的奶牛品种有哪些？外貌特征和生产性能如何？

在我国绝大部分地区,尤其是中原和北方最适合饲养的奶牛品种是中国荷斯坦牛,其原称为中国黑白花牛,1992年农业部正式命名为中国荷斯坦牛。在华南地区除中国荷斯坦牛外,娟姗牛也是较好的选择品种,而在山区和牧区可选择乳肉兼用型的西门塔尔牛及其改良牛的后代。

中国荷斯坦牛体型高大,结构匀称,皮薄骨细,皮下脂肪不发达,被毛细短。头清秀,略长;角致密光滑,不粗大,向前弯曲,角基白色,角尖黑色;颈细长,脖上有横的皱纹,整体皮肤薄而有弹性。乳房、中躯、尻发育良好,毛色为黑白花。公牛一般体重平均为1 100千克,母牛600千克,犊牛初生重35~50千克。中国荷斯坦牛的泌乳性能良好,个体平均产奶量为3 500~7 000千克,乳脂率为3.2%~3.5%。我国最高单产为15 945千克(305天),最高终身产奶量(1985年)100 895千克/11胎。中国荷斯坦牛性情温驯,适应性强,易于风土驯化,饲料利用率高,产奶性能良好,但毛色不够一致,乳房小,有乳房下垂现象、乳脂率低、生产性能高低不齐等现象。

娟姗牛是小型乳用牛,头短小而轻,额宽并凹陷,两眼突出明亮有神;角中等大,琥珀色,角尖黑,向前弯曲。颈细长薄,皮薄有皱褶。背腰平直,尻平宽,尾细长,尾帚发达。乳房匀称,皮薄,静脉怒张明显,乳头略短、细小。被毛短细有光泽,毛色为灰褐色、浅褐色、深褐色 3 种,以浅褐色为多,嘴周围有浅色毛环,腹下、四肢内侧毛色较浅,黑尾帚;鼻镜、舌头为黑色,体型小。成年公牛体重为 650～750 千克,母牛体重340～450 千克,犊牛初生重为 23～27 千克。娟姗牛头年产奶量 3 500 千克左右,乳脂率高达 5.5%～6%,脂肪球大而色黄,易于提取黄油。以 100 千克体重产 4% 标准乳计算,则超过中国荷斯坦牛。最大优点是早熟、耐热,缺点是体格小、有尖尻。

7. 高产奶牛外貌有哪些特点?

成年高产奶牛的外貌特点是:皮肤薄,骨骼细,被毛短、细而有光泽,血管显露,肌肉不发达,皮下脂肪沉积不多,外形清秀,全身细致紧凑,属细致紧凑体质类型。

被毛颜色为黑白花,花片分明,头部有白章,四肢关节以下和尾巴下 2/3 为白色,典型的中国荷斯坦奶牛的肩部、腰部有白色的花片分布。

由于头颈部、鬐甲、胸和前胸的发育相对的不如后躯和中躯,因而从侧视、前视和背视的轮廓均趋于楔形。四肢修长,皮薄,皮下脂肪不发达,被毛细短而密,因而全身关节明显,干净,常可以看见皮下隆起的血管、筋腱。全身骨架紧凑,连接良好,给人以舒展的感觉。

头轻而稍长,额平,轮廓清晰,皮薄,毛细、短、密,使头部显得较轻而清秀。

颈细长而薄,皮薄而松软,毛细、短、密,形成排列密而整齐的皮肤皱褶。

胸部宽深适度,前胸不饱满,以前裆距为 37 厘米,胸深中等偏上、为体高的 55％ 左右为佳。肋骨长而后斜,肋骨弓弯曲好,肋间距离宽,最后两肋骨间距大于 5 厘米。胸部皮薄,皮下脂肪不发达,从侧面应看到 2～3 根肋骨弓隆起,肌肉发育中等。在吸气时,可较清晰地看到肋弓、肌束、腱等。

背长而直,宽窄适当,无皮下脂肪,背椎棘突隐约显露。腰角较宽,与背、尻部成一水平线,腰椎横突明显,不呈复背和复腰。

腹部应粗壮、饱满,发育良好,不下垂,发育明显优于胸部,欣不明显。

尻部宽、长、平、方,即尻宽应为 50 厘米,尻长为 53 厘米以上,尻角度为正 2°左右,坐骨端宽为腰角宽的 2/3。荐骨不隆起。尻角负斜、正斜过大、屋脊尻、尖尻、斜尻均为不良。

四肢肢势端正,关节明显,长短适中,肢蹄结实。后档宽,股部肌肉不丰满,大腿薄,乳镜高,腹连也高。

乳房外观呈“浴盆状”,乳房大、深且底部平坦,不低于飞节,前乳房向腹下延伸,附着良好,后乳房充分向股间上方延伸,附着点高,乳房宽,左右乳区间有明显的纵沟。四个乳区发育匀称,分布均匀,乳头分布均匀,形状为圆柱状,长短为 8～12 厘米,直径 3～5 厘米,容量应在 20 毫升以上,乳头括约肌正常。

乳房皮薄,毛细、短、稀,皮下脂肪不发达,在旺乳期能看见皮下乳静脉及侧悬韧带筋腱的隆起。从乳腺内部结构来看,腺体组织应占 75％～80％,结缔组织和脂肪组织为 20％～25％,即所谓的腺乳房。挤奶前乳房饱满,体积大,富有弹性,挤奶后乳房体积缩小,手感柔软,且在乳房后部形成许多皱褶。

乳静脉粗大、明显、弯曲且分支多,并交叉成网状,其直径可达 3 厘米。乳井大。

8. 怎样根据外貌选购奶牛？

就奶牛各个部位按照轻度缺点、中度缺点、重度缺点、严重缺点、不合格和淘汰等级评选奶牛。

单眼瞎、单侧或双侧眼肿为轻度缺点，角膜浑浊为中至严重缺点，如果全盲为不合格。

头短、宽、重为中度缺点，头部的前额突起，为不合格。

尾根结合过前、粗大，尾巴粗短、歪尾或其功能异常（不能摆动），属轻至严重缺点。

永久性的四肢跛行、功能不良者淘汰，暂时性的、并不影响正常功能的为轻度缺点，前肢明显跛行属严重缺点，飞节明显积液（肿大）为轻度缺点，弱系为轻至严重缺点。

蹄外撇为轻度缺点。

尻部前低后高为中度至重度缺点。

乳房左右无明显分界线为轻至严重缺点，乳房附着弱为轻至中度缺点，乳房附着不良为严重缺点，有漏奶现象（一侧或多侧）为轻度缺点，乳房内有硬结、乳头堵塞为中度至重度缺点，四个乳区不匀称为轻至中度缺点，乳头过小、过大、形状异常为轻至中度缺点，牛奶异常（奶中带血、有凝块、水样），根据其程度为轻至中度缺点，有瞎乳区为不合格。

体格过小为中度至重度缺点。

母牛过肥为中度至重度缺点，过瘦为轻度缺点。

有明显的掩饰痕迹，如焗油、修饰过牙齿等为不合格。

弗里马丁症（外生殖器异常，阴唇特别短小，收缩很紧）为不合格。

暂时性的轻度受伤，但不影响泌乳、繁殖等功能，属于轻度缺点。

被毛干枯、暗淡,鼻镜干燥,过度消瘦为严重缺点至不合格。

腹部上吊,不充实,属于中度至重度缺点。

背腰不平,向上凸起为重度缺点。

粪便过于干燥或过稀,属于中度缺点。

生殖系统疾病(包括子宫炎、输卵管堵塞、卵巢萎缩、硬化等),一般为中度缺点至不合格。

年龄超过 10 岁以上,为轻至中度缺点。

9. 选购奶牛有哪些注意事项?

第一,不到疫区购牛,外购的牛要实行严格的检疫措施和隔离观察,避免引进任何传染性疾病。

第二,根据奶牛的生理阶段,在购买奶牛时,优先购育成牛、青年牛、犊牛,尽可能不购买成年奶牛。

第三,尽可能购买 1 个牛场的牛,避免零散购买。为避免购买力有限引起零散购买,可将某个欲出售牛的牛场的所有牛,按生理状况均等分成几群,购买其中的一群或若干群。

第四,根据奶牛体质外貌选购奶牛。

第五,注意产地的气温、饲草料质量、气候等环境条件。

10. 怎样做好奶牛的安全运输工作?

事先对运输牛群的车进行清扫和消毒,运输车辆其马槽的高度不低于 1.5 米,以防止奶牛跳车等事故发生。装牛之前,在车上垫吸湿性强、对呼吸道无危害作用的垫料(优先顺序为锯末、木屑、土或细炉灰与土的混合物),防止牛在运输过程产生的排泄物引起牛的滑倒。根据牛体格大小和生理阶段进行适当的分隔,如育成牛和青年牛在车后边,妊娠母牛和犊牛在中间或前边。运输时间超过 6 小时以上,运输途中应饮水,泌乳牛超过 24 小时以上时,中间应挤奶和休息。运输途中不允许牛只卧地休息,以防止被其他牛踩踏受伤。冬天运输选在午后,夏天运输在早、晚进行,防止冷、热引起牛应激。运输车时速在 40 千米以下,避免急刹车,急转弯,突然变速引起挤撞、应激、流产等。

11. 购牛时怎样运输才能避免或减缓牛的运输应激?

奶牛在运输过程中会处于高度恐慌状态,出现哞叫、呼吸和脉搏加快、四肢肌肉紧张、反刍停止,甚至嗳气停止从而造成慢性瘤胃膨胀,这就是运输应激的外观现象。即使经过短距离运输而出现应激的牛在事后 3～5 天也会有精神委靡、采食量下降、消化功能下降继而引起泌乳牛产奶量下降的现象,一般在下胎次的泌乳量才能恢复。高产牛特别是升奶期的高产奶牛出现运输应激后各功能均紊乱,废食,继而卧地不起,甚至造成死亡。

为了避免运输应激,首先应了解不同生理阶段的牛对应激反应的敏感度:育成牛的应激反应最迟钝,犊牛、青年牛和干奶牛较明显,泌乳牛反应明显,而处于升乳期的泌乳牛反应最明显,所以外地引进奶牛最好选购 6～20 月龄的牛,特别是周岁至 20 月龄的牛更宜,这种牛运输应激损失少,回到本地后因其可塑性强,能更快、更全面地适应新的环境。必须引进成年牛时,运输要在产奶平稳期(即产犊 80 天以后),最好泌乳期在 150～250 天之间。升奶期牛和妊娠最后 2 个月牛忌长途运输。其次是了解不同运输工具对应激影响:短距离运输时以驱赶方式所引起应激最小,距离稍远时汽车运输应激较火车运输稍缓(因一般时间短),然后依次为火车和轮船等。第三,适于运输的季节是在春、秋两季,在运输过程中尽量避免出现复合应激,如夏季午后或冬季夜间与早晨运输会叠加热应激或冷应激,如果是肥胖牛在夏季午后和瘦牛在冬季夜间与早晨运输则会再次叠加热应激或冷应激。第四,在符合药物使用标准前提下,运输前服用一些抗应激药物可大幅度减缓牛的运输应激。最后,运输之前少喂精料和易发酵产气的饲料(豆科草、糟渣等),不要过饱,不要缺水。

12. 购回的牛怎样进行隔离观察和饲草料过渡?

对所购回的牛只,应饲喂在牛场下风向的隔离舍内;无隔离舍时,可放在树林内,同时进行隔离和饲草料过渡,以免引进任何传染性疾病。如果以前是放牧饲养的牛,还要进行驱虫,隔离观察和饲草料过渡约持续 1 周以上时间,期间进行有关检疫、防疫注射,每天饲喂粗饲料,供给充足水,无任何异常情况下,再将所购牛只放回正常牛舍内,之后逐渐加料,直至饲喂到正常的饲料量为止。

三、奶牛的生物学特性

13. 为什么奶牛怕热耐寒？饲养管理上应注意哪些问题？

奶牛怕热耐寒，主要因为：

(1)饲料消化和利用过程中产热量多 牛饲草料的一半左右是在瘤胃依靠微生物发酵分解来完成消化，饲草料的发酵产生大量热。发酵热在寒冷季节可用于体温的维持，但在炎热时却增加散热负担。据研究，瘤胃发酵饲料产生的乙酸在代谢过程中有 41%～67% 以热的形式损失，丙酸损失 14%～44%，丁酸损失 24%～38%，造成牛喜冷怕热。奶牛干物质采食量一般相当于其体重的 3% 以上，即相当于普通牛的 1.2～1.7 倍，所以奶牛更怕热。

(2)牛是大型哺乳类恒温动物 单位体重的体表面积小，有利于热的保存，不利于热的散发。

(3)牛的汗腺不发达 被毛和体组织的保温性能好，不利于对流和蒸发，温度升高时只有通过加快呼吸和频频排尿来散热。但加快呼吸频率有一定限制，多饮水频频排尿也不合理，多排尿会使体内电解质损失，水代谢异常，饮水过量会增加肾脏和膀胱的负担，严重时会诱发"水毒症"。所以，牛适于气候凉爽地区饲养。夏季炎热的时候，必须采取有效预防措施才有可能维持牛的正常生理活动，否则易患热射病，甚至死亡。

(4)牛生产产品过程也产生大量的热 如奶牛生产牛奶

必然消耗能量,日产 20 千克奶的奶牛,每天需要增加 45～58 兆焦的能量消耗,都是以热的形式损失。

根据奶牛耐寒不耐热的生物学特性,应注意在日粮中配合微生物发酵热少、营养好、易消化的草料。例如,炎夏增加青草、青割的喂量,减少秸秆、劣质饲草和配合料的喂量,并适当调节配合料的组成,减少谷物子实比例 5％～10％,增加脂肪 4％～6％、饼(粕)类 3％～4％、食盐 0.1％～0.5％等。在生产实践中应尽量给牛创造适宜的环境,加强防暑工作。牛舍的建筑设计应注意防暑,特别是对太阳辐射热的防止,如屋顶铺设隔热层,建筑凉棚,绿化环境。热天给牛体淋水、使用风扇、饮用冷水等,都能缓和热应激,减少生产损失。寒冷地区或季节,虽不必过分考虑牛舍的保温问题,但必须能躲避风雪,牛舍内温度仍需保持在 0℃以上。

14. 管理不当对奶牛有什么影响?

绝大多数奶牛品种都有神经质紧张,因此管理不当会引起奶牛的管理应激。所谓管理应激是指由于管理措施不科学而引起的、为保持体内生理生化反应的协调和内环境的稳定而出现的反应。

管理不当包括工作程序不固定(上下槽时间、饲喂饲草料的顺序、挤奶时间,尤其是挤奶顺序);突然发生的大幅度变动(突然变换饲料、产前没有按摩乳房而在产后突然挤奶、频频更换饲养员和挤奶工等);陌生人参观奶牛场和挤奶厅等。

一旦出现应激,奶牛除出现心跳加速、血压波动、呼吸频率加快、血糖升高和脂肪分解加强等外,还会出现生产性能降低、繁殖力下降(不发情、流产、死产等)、消化吸收功能、体重和免疫力都不同程度下降等现象。

不同生理状态的奶牛,出现应激的程度不同,泌乳期较干奶期强烈,升奶期较平稳期和降奶期强烈,成年牛较犊牛强烈。空怀又不产奶的牛以及育成牛、青年牛应激反应最轻。

15. 奶牛要求安静环境的原因是什么?

安静的环境是奶牛进行采食、反刍、消化、休息和放乳所必需的外界条件。奶牛在安静的环境中可以正常的卧地休息,奶牛在卧地休息时进行反刍的比例远高于站立时刻,反刍是进行消化吸收的前提。当奶牛场周围有噪声源时,且噪声超过 65 分贝时,连续噪声缩短奶牛休息或熟睡时间,突然噪声使奶牛惊醒,两者影响奶牛休息时间和质量,对奶牛的休息和反刍有严重干扰;当陌生人员接近处于运动场的奶牛时,奶牛借助其良好的记忆力可以迅速识别,并出于好奇心理接近陌生人,此行为会感染所有在场奶牛,具有群体行为的奶牛就会全群站立,接近陌生人,影响奶牛休息;正在挤奶厅准备挤奶或者正在接受挤奶的奶牛,由于受到陌生人出现的惊吓或受到挤奶厅工作人员辱骂、殴打时,维持放乳的激素(催产素)受到其他激素(肾上腺素)干扰而影响正常排乳,使产奶量和牛奶中的乳脂率下降,这种情况对奶牛的影响最大;奶牛场狗的狂叫则使奶牛受惊吓而对奶牛造成负面影响。

16. 营养也会造成应激吗?

日粮营养长期不足或营养突然大幅度下降时,会造成奶牛营养应激。常见于产后泌乳早期的奶牛、高产奶牛、实行限制饲养的奶牛和饲料质量低劣的奶牛场。处于营养应激的泌乳牛,出现体重和体况下降现象,高产奶牛产后长期不发情,牛的性功能下降,卵巢活动改变,出现暗发情(只排卵不发情),发情变得有季节性,当进一步加重时,发情周期停止,甚至卵巢活动停止,发情牛难受胎,妊娠牛早产、死胎等。

处于泌乳早期的奶牛,由于营养应激,可以使泌乳高峰产奶量的值下降,达到泌乳高峰的时间提前,因而降低整个泌乳期产奶量。另一方面,当体重和体况下降后,奶牛对疾病的抵抗力迅速下降,容易引起一系列疾病。

如果营养应激再加上环境条件恶化(牛舍、运动场、牛体卫生条件差),则反应更激烈,使牛长年不发情。

17. 奶牛的生活特性有哪些?

奶牛性情温驯,易于接近,但也有牛脾气,它表现于各个方面,了解奶牛的生活习性,是进行正确的饲养管理、有效保护自己的前提。

(1)牛是草食动物 牛是草食动物,日粮以青粗饲料(干草、秸秆、青贮、青草等)为主,以干物质计算,当粗饲料占日粮比例少于 50% 时,牛出现各种消化疾病的比例将明显增加;高产奶牛短期内则不能少于 30%,否则,不仅增加饲料的成本,而且会引发多种疾病。

(2)记忆力强 牛的记忆力强,对它接触过的人和事,印象深刻。利用该特点,能训练奶牛固定槽位,能很快熟悉并接受新环境。通过善待奶牛(饲喂、刷拭、清理牛舍等工作)可以建立牢固的和谐关系,方便管理。但如果粗暴对待牛,则会抑制牛对畜主(饲养员)的怀恋,不仅使饲养管理的难度加大,而且能造成生产损失,甚至造成对畜主的伤害。

(3)睡眠时间短 牛的睡眠时间很短,每日总共 1～1.5 小时。因此,应尽可能延长牛的采食时间,全年均可对牛进行夜间饲喂,使牛在夜间有充分的时间采食和反刍。

(4)群居性 牛喜欢3～5头结帮活动,牛群经过争斗建立起优势序列,优势者在各方面优先。即抢食其他牛的饲料、抢饮水、抢先出入牛舍等,因此必须进行分群。分群应考虑牛的年龄、健康状况和生理等因素,以免恃强凌弱,使小牛、弱牛吃不到应有的饲料量,失去饲料配制的意义。

(5)群体行为 牛的行为具有群体性,因此应积极引导,加以利用。如在运动场设置补饲槽、饮水槽等,可诱使牛群多采食、多饮水,提高饲料利用率,但如果牛群受惊吓,会集体骚动,运动场围栏不完整时,也会集体逃离。

(6)竞食性 牛在自由采食时有互相抢着吃的习性,群体饲养时利用这一特点可使用通槽(与单槽对应,即1头牛1个槽)增加采食量,或哄牛吃一些适口性较差的饲料。

18. 为什么牛采食比较粗糙? 饲养管理上应注意哪些事项?

牛无上门齿,饲料在口中不经咀嚼即咽下,在休息时进行反刍,牛舌大而厚,有力而不灵活,舌头上表面有许多朝后凸起的角质化刺状乳头,会阻止口腔内的饲料掉出来。如饲料中混有铁钉、铁丝、玻璃碴等异物时,舌头不会把它顶出,会咽到瘤胃中,这些较重的尖状物会沉入网胃底部。当牛反刍时,网胃强烈收缩,尖锐异物会刺破网胃壁,造成创伤性网胃炎;有时会刺破横膈膜、心包、心脏等,引起创伤性心包炎,危及牛的生命。未切碎的根茎类饲料,容易造成牛食管梗阻。塑料薄膜过大时,会堵塞网瓣孔(第二胃与第三胃的通道),严重时造成死亡。为避免上述事故发生,在饲养管理上应注意:

(1)饲草料卫生 加强对粗饲料和精饲料的检查,防止牛误食异物,如铁器(铁丝、铁钉、铁片、针)、其他金属、玻璃碎片、塑料薄膜等异物。

(2)合理加工饲料 块根块茎类饲料如胡萝卜、南瓜、萝卜等饲喂前必须切碎。

19. 奶牛的咀嚼特性有哪些?

牛是反刍动物,其消化过程与猪、鸡等单胃动物有着明显的差异,借助这些特有的生理现象,可判断牛体消化状况和健康状况,并可通过饲料的调整来改善牛体消化状况和健康状况。

食物在口腔内经过咀嚼,被牙齿压碎、磨碎,然后吞咽。牛在采食时未经充分咀嚼(15～30 次)即行咽下,但经过一定时间后,瘤胃中食物重新回到口腔精细咀嚼。牛一天内咀嚼的总次数(包括反刍时咀嚼次数)约 4 万次,奶牛吃谷粒和青贮饲料时,平均每分钟咀嚼 94 次,吃干草时 78 次,吃秸秆咀嚼的次数更多。牛在咀嚼时要消耗大量的能量。因此,对饲料进行加工(切短、揉碎、磨碎等),可以节省牛的能量消耗。尤其是胡萝卜等多汁饲料,味美,适口性好,奶牛喜食,若未经切碎,奶牛急于吞食,会造成食管梗阻等疾病。

20. 牛的唾液分泌对消化有何影响?

牛的腮腺可以大量分泌唾液。据统计,每日每头牛的唾液分泌量为 100～200 升。唾液中富含大量碳酸盐、磷酸盐等缓冲盐和尿素等,缓冲盐对于维持瘤胃内中性环境,保证正常消化代谢具有重要意义;唾液中的尿素对于内源氮的重新利用起着重要作用;唾液含有大量的水分,可润湿饲料,便于吞咽和咀嚼,可维持瘤胃内容物的糜状物顺利地随瘤胃蠕动而翻转,使粗糙未嚼细的饲草料居于上层,便于反刍,同时也使嚼细的已充分发酵吸足水分的细碎饲草料沉于胃底,随着反刍向第三、第四胃转移。但唾液的分泌量和唾液中的各种成分的含量受牛采食行为、饲料的物理性状和水分含量、饲粮适口性等因素影响。

21. 奶牛复胃的结构特点是什么?

牛属于反刍动物,反刍动物的胃是由瘤胃、网胃、瓣胃和皱胃(真胃)组成,与猪、鸡的1个胃相比,牛具有4个胃,故叫做复胃。其中瘤胃、网胃、瓣胃合称为前胃,它们的胃黏膜没有腺细胞,不分泌消化液,皱胃才是有胃腺的胃,其功能与猪、鸡的胃基本相同,所以又叫做真胃。

奶牛的四个胃容积大小、功能、发育的过程都不相同。刚出生的犊牛复胃以皱胃为核心,表现为体积比较大,功能比较完善,瘤胃和网胃体积小,只占四个胃总容积的1/3左右,几乎没有生理功能,但随后发育很快(表 3-1),四个胃的容积发育极不平衡(表 3-2,3-3)。

表 3-1　瘤胃和皱胃生长发育比较　(%)

	项　目	初　生	3 周龄	3 月龄	6 月龄	成　年
瘤 胃	与初生时比较	100	257	1060	3168	10628
	占两胃总容积	25	42.9	66.9	78.7	88
皱 胃	与初生时比较	100	114	175	286	4830
	占两胃总容积	75	57.1	33.1	21.3	12

表 3-2　犊牛瘤胃和皱胃生长发育比较　（升）

项　目	初　生	1 月龄	5 月龄
瘤胃	0.7	8.5	65.0
皱胃	1.3	4.9	20.5

成年奶牛每 100 千克体重占有四个胃的总容积为 50 升，此比例远远超过肉牛的 32.1 升的比例。

表 3-3　成年奶牛四个胃容积的比较

项　目	瘤胃	网胃	瓣胃	皱胃
容积(升)	156	9.1	15.9	19
占总容积的比例(%)	78.0	4.5	8.0	9.5

初生犊牛从食管与瘤胃连接的贲门沿瘤胃右侧延伸，越过瓣胃接到皱胃有一条唇状结构，被称为食管沟，当犊牛吮乳时，食管沟闭合成管状把乳汁直接导入皱胃，以皱胃为主进行消化，瘤胃、网胃和瓣胃不参与消化，但非乳食物进入时则食管沟不闭合，使食物进入瘤胃。

正常情况下前胃发育比皱胃快，以瘤胃最为强烈。3 周龄时，瘤胃容积已增大 2.57 倍，而皱胃容积只增加 14%；3 月龄时，瘤胃较初生时增大 10.6 倍，而皱胃容积只增加 75%，这时两胃容积的比例已反过来，瘤胃的容积明显超过皱胃；到 6 月龄时，瘤胃与皱胃容积比已与成年接近，即 7∶1 的比例。

22. 牛各个胃的功能是什么？

牛的各个胃不仅在容积上、而且在功能上都互相依赖和补充，形成了有机的整体。瘤胃与网胃共同形成一个囊，其区分只是上皮结构的差别，主要功能相同。瘤胃的上皮分布为乳头状突出及游离于胃腔的瘤胃绒毛，绒毛的长短、粗细、上皮角质化等反映瘤胃的发育程度、健康与消化能力。网胃上皮的突起则形成状似蜂巢的网状突起结构，与瘤胃的分界为隆起的肌柱。瘤胃和网胃组成的大囊（通常简化为瘤胃）是牛贮存食物和进行微生物消化的地方，食物在此进行微生物消化，并由于瘤胃与网胃的节律性蠕动，使其中食糜得到搅拌混合，经充分发酵，附有气泡的体积大的饲草，其比重小于1，则漂于瘤胃上层。网胃和瘤胃前半部共同强烈收缩，是形成反刍上层体积大的饲草与把胃底细碎食糜推入瓣胃的动力。瘤胃壁可以吸收瘤胃发酵所产生的有机酸、小肽、氨基酸、氨，还可吸收离子状态的矿物盐。此外，尿素等也可从血液通过瘤胃壁进入瘤胃。

牛的瓣胃内壁布满轴向的、根部固定在胃壁端部游离于胃腔的皮膜结构，这样使得食糜与瓣胃上皮的接触率较瘤胃提高数十倍，使通过的食糜中的水分与有机酸等大部分被吸收，当食物转移到皱胃时，已被大大浓缩。皱胃是进行化学性消化的地方，被瓣胃浓缩的食糜进入皱胃有利于与皱胃分泌的胃蛋白酶、胃酸等充分混合，达到较完全的化学性消化。皱胃以及后消化道的功能，则与单胃动物相似。与单胃动物相比，缺乏淀粉酶、蔗糖酶等。

23. 什么是反刍？影响反刍的因素有哪些？

反刍是反刍动物所特有的消化特点，是一种复杂的生物性反应过程。牛在采食后，不经充分咀嚼就匆匆吞咽入瘤胃，饲草饲料在瘤胃内浸泡和软化，通常在休息时返回口腔仔细咀嚼，然后混入大量唾液，再吞咽入胃，这一过程称为反刍。

反刍是由于瘤胃前庭和网胃受到粗糙饲料的刺激及皱胃的空虚而引起的。反刍时由于重新咀嚼过程使胃内的粗糙食物变得细腻,沉于瘤胃和网胃的底部,同时随着前胃的收缩将沉于胃底的细碎食糜通过网瓣孔挤入并逐渐充满皱胃,此时反刍停止。从反刍开始到反刍结束的这段时间为一个反刍周期,牛每天的反刍时间累计为 7～8 个小时。

反刍也常常被用以判断牛的消化系统功能是否正常的重要标志。

牛通常在采食后 0.5～1 小时出现反刍。每昼夜有 6～10 个反刍周期,每一次反刍的持续时间为 40～50 分钟,然后间歇一段时间再开始第二次反刍,累积反刍时间为每天 7～8 小时。

牛的反刍活动受品种、年龄、饲草料质量、环境等许多因素的影响。反刍实际上与瘤胃的发育程度有关,初生犊牛没有反刍行为,随着逐渐开始吃饲草,瘤胃内微生物滋生,在出生后 2～3 周出现短时间的反刍行为,随着瘤胃的充分发育,出现正常的反刍周期。

饲草的形态和大小影响牛的反刍行为,这是由于不同形状的饲草对瘤胃上皮的刺激不同而造成的,如单纯喂给谷物或充分粉碎的粗饲料,可使反刍时间大大缩短,甚至造成反刍停止。

安静的环境是反刍的必备条件之一,噪声、恐吓、鞭打、陌生人干扰等均抑制反刍。

缺水时瘤胃中的食糜蠕动、转移受到影响,影响正常反刍。一般每采食 1 千克饲料干物质,需要饮 3～5 升水来维持正常消化。

奶牛前胃发生疾病时,如前胃迟缓、食滞、臌胀、创伤性网胃炎以及其他严重的疾病均影响反刍的正常进行,甚至使反刍停止。反刍是否正常是判断牛健康与否的依据之一。

24. 什么是奶牛的嗳气?

瘤胃和网胃中寄居着大量的微生物,这些微生物对进入瘤胃和网胃中的各种营养物质进行强烈的发酵,产生挥发性脂肪酸和各种气体(主要是甲烷和二氧化碳),随着瘤胃内气体的增多,瘤胃通过收缩使气体被驱入食管,从口腔逸出的过程就是嗳气,与此同时,一部分嗳气也进入呼吸系统。奶牛每昼夜可产生气体 600~1 200 升,每小时嗳气 17~20 次,每次嗳气时气体排出量为 0.5~1.7 升。

25. 瘤胃微生物有几类? 各有什么作用?

瘤胃中寄生着大量细菌和纤毛虫,能消化和分解饲料中的纤维素。在所有动物中,牛对粗纤维的消化能力最高。牛日粮以青粗饲料为主,瘤胃微生物还能利用尿素等非蛋白氮化合物,合成微生物蛋白,为牛体提供营养,但仅限于中低产牛和未使用氨化秸秆的日粮。

瘤胃微生物是由 60 多种纤毛虫和细菌组成的,1 克瘤胃内容物中,有细菌 150 亿~250 亿个和纤毛虫 60 万~180 万个,总体积约占瘤胃液的 3.6%,并形成瘤胃微生物区系。瘤胃微生物的数量和比例是由饲料组成特性、瘤胃内环境及对瘤胃内环境的适应能力决定的。瘤胃内环境为微生物创造了高效率繁殖条件。微生物可利用进入瘤胃的食物和水分合成自身所需的营养物质、供本身的生长与繁殖,最后又被作为牛体的营养物质,日粮长期稳定会保证瘤胃内环境的稳定,即稳定的瘤胃微生物区系。

26. 瘤胃如何消化饲料中的营养物质?

奶牛日粮中 50% 的粗纤维、50%~70% 的粗蛋白质或者 70%~85% 的可消化干物质在瘤胃内消化。

日粮中的粗纤维(主要是纤维素和半纤维素)在瘤胃中被纤维分解菌分解,形成以乙酸为主的、包括丙酸、丁酸、戊酸等可挥发有机酸,乙酸、丁酸被奶牛吸收作为合成乳脂肪的原料,丙酸作为体内糖原异生的能量来源。

日粮中含的粗蛋白质包括瘤胃非降解蛋白质、降解蛋白质和数量不等的非蛋白含氮物。饲料蛋白质在进入瘤胃后,有 50%~70% 被瘤胃微生物降解,这一部分蛋白质称瘤胃降解蛋白,瘤胃降解蛋白可被降解为氨基酸,氨基酸进一步被脱去氨基,生成二氧化碳、有机酸和氨气,一部分氨气和瘤胃可发酵有机物质能被细菌合成菌体蛋白,微生物蛋白质的营养价值与动物性蛋白质相似。非蛋白含氮物同样可经微生物作用合成微生物蛋白质。在瘤胃中不被降解的蛋白质叫瘤胃非降解蛋白质,与微生物蛋白质一起进入后消化道进行消化。

日粮中的淀粉因牛消化道中缺乏淀粉酶,少量的淀粉酶的活性也较低,也缺乏蔗糖酶,所以日粮中这类物质的 90% 左右是在瘤胃中被微生物降解为有机酸而吸收,这类物质所产生的有机酸成分中丙酸的比例增大,乙酸较少。

27. 影响瘤胃发酵的因素有哪些?

影响瘤胃发酵的因素有:

(1)日粮稳定 不同的微生物区系适合不同的饲料种类,新的微生物区系的建立需要一定时间。若突然大幅度地改变牛的日粮,往往使瘤胃发酵发生异常或不充分而降低消化率。

瘤胃微生物的数量和比例是由饲料组成、瘤胃内环境及对瘤胃内环境的适应能力决定的。日粮长期稳定会保证瘤胃内环境的稳定,即稳定的瘤胃微生物区系。不同的微生物区系适合不同的饲料种类,新的微生物区系的建立需要一定时间。若突然大幅度地改变牛的日粮,往往使瘤胃发酵发生异常或不充分,而降低消化率,造成牛腹泻、生产性能下降,因此,更换牛的饲料应逐渐过渡,一般需要 7~10 天,高产牛可延长过渡时间。

(2)瘤胃 pH 一般纤维分解菌类要求 pH 较严格,pH 在 6.6~7 最为活跃,纤维素得到充分消化,这对奶牛十分重要,因为纤维素分解产生大量乙酸,使乳脂率得以维持;pH 低于 6.2,纤维分解菌活性下降;pH 低于 6,则粗纤维的分解停止;pH 5~6 淀粉的分解尚能维持,以丙酸发酵为主;pH≤5 则瘤胃微生物发酵基本停止,转为乳酸菌的乳酸发酵,使牛发生瘤胃酸中毒,引发肝脓肿等;以青贮饲料为单一粗饲料来源时,会造成瘤胃 pH 下降;若日粮精饲料比例超过 50%,则极易造成饲喂后 2 小时 pH 下降到 6 以下,故在这类日粮中,配合料必须加入缓冲剂,使瘤胃 pH 维持在 6.6~7,既有利于牛健康,又可增加牛的采食量,增加产奶量和保持奶的优质。

(3)瘤胃的温度 瘤胃微生物对温度要求较严格,以 39℃~39.5℃时最活跃,高于或低于此温度均对瘤胃发酵不利。夏天往往造成温度过高,冬天则会偏低。饲料和饮水的温度会干扰瘤胃温度。因此,夏天喂饮凉水(20℃以下)以平衡发酵热,冬天喂温水(20℃~25℃),并避免喂冰冻饲料,以免大幅度降低瘤胃温度。在管理上最好采取自由饮水,使每日饮水次数大为增加,而每次饮水量很少,把水温改变瘤胃温度的负面影响降到最低程度。

(4)日粮的营养 首先是蛋白质(或日粮氮含量),微生物是以蛋白质为其生命构成的基础,如以麦秸为单一日粮时,粗蛋白质仅为 $2.5\% \sim 4\%$,这时瘤胃微生物的数量会降低到只有正常数量的 1/10,使瘤胃发酵效率大幅度下降。粗蛋白质不低于 9%,才能维持瘤胃的正常消化。

日粮中有充足的可溶性碳水化合物,微生物才能把粗蛋白质中的非蛋白含氮物及外加非蛋白含氮物合成微生物蛋白质。在定时上槽管理下,日粮粗蛋白质达到 10% 时添加非蛋白含氮物已无效;如日粮蛋白质已达到 12% 以上,添加后则会产生负面影响。

日粮中不缺乏钴才能合成维生素 B_{12}。

日粮脂肪含量超过 6% 时,会抑制瘤胃发酵,尤其是含不饱和脂肪酸为主的油脂对瘤胃微生物抑制更为严重。日粮必须添加超过 6% 的脂肪来提高能量浓度时,应采用脂肪酸钙等经过"过瘤胃技术"处理的脂肪或脂肪酸。

铜对瘤胃微生物有强烈的抑制作用,许多报道认为给牛添加微量元素铜以氨基酸螯合铜安全,效果较无机铜为佳。试验证明,采用瘤胃缓释技术添加无机铜盐,其效果也很好,且较氨基酸螯合铜成本低。

(5)瘤胃内容物的流通速度 这是个复杂问题,正常流通速度受饮水量是否充足和日粮的精粗饲料比例、粗饲料质量与几何形状所左右。饮水不足,干扰反刍,并使流通速度减慢,流通速度慢虽然有利于饲料在瘤胃中充分发酵,但由于造成干物质采食量减少而使牛获得营养物质下降。流通速度过快,则会造成瘤胃消化不完全,消化率降低。秸秆类饲草会延缓瘤胃的流通使日粮干物质采食量下降。

(6)药物影响 所有抑菌类药物,如抗生素、磺胺类药物等,均会抑制瘤胃细菌,所以口服此类药物会使瘤胃发酵趋于停止,日粮消化率下降几乎1/2,较长时间服用会造成消化功能紊乱,牛食欲下降,腹泻,水泻。给牛注射此类药物也会通过瘤胃壁进入瘤胃,干扰正常瘤胃发酵。因此,在治疗中对牛使用抑菌类药物要慎重。在停药24小时后,给予接种瘤胃微生物,即取健康成年牛反刍出来的食糜,塞入该牛口中,使瘤胃微生物区系得到迅速恢复,纠正消化功能紊乱。

四、奶牛的营养需要

28. 奶牛需要的营养物质有哪些？对奶牛的作用是什么？

能够被动物摄取、消化、吸收和利用，可促进动物生长或修补组织、调节动物生理过程的物质称为饲料。饲料中凡能被动物用以维持生命、生产产品的物质叫养分（营养素、营养物质）。养分是由单一化学元素所构成或由若干种化学元素相互结合所组成。养分具有维持动物生命的营养作用，存在于任何饲料之中。饲料是外形，养分是内质。

国际上采用 1864 年德国 Hanneberg 提出的常规饲料分析方案，即概略养分分析方案，将饲料的化学成分分为水分、粗灰分、粗蛋白质、粗脂肪、粗纤维和无氮浸出物六大成分。

水的营养功能：水是细胞的主要成分，因此也是奶牛机体的基本成分，体内养分的输送、代谢废物的排泄等都需要水作为溶剂，水参与体内许多生化反应，水的比热大，导热性好，蒸发热高，能储蓄热能，迅速传导热能和蒸发散失热能，有利于体温的调节，水还是滑液的成分，可润滑关节。

蛋白质的营养功能：蛋白质是构成体组织、体细胞的基本原料，如肌肉、神经、结缔组织、皮肤、血液等，均以蛋白质为其基本成分。牛体体表的各种保护组织如毛、蹄、角等，均由角质蛋白质与胶质蛋白质所构成。蛋白质也是牛体内的酶、激素、抗体、色素及肉、奶、绒毛等产品的组成成分。蛋白质是更新、修复组织的必需物质。动物体组织器官中的蛋白质通过新陈代谢不断更新。蛋白质可以代替碳水化合物及脂肪发热,蛋白质可以在体内经分解,氧化释放热能,以补充碳水化合物及脂肪的不足。

脂肪的营养功能:是构成牛体组织的重要部分。机体的各种器官和组织,如神经、肌肉、骨骼和血液等的组成中均含有脂肪。脂肪是动物体热能来源的重要原料。饲料脂肪被动物消化吸收后,可以燃烧生热,供畜体需要,多余时也可转化为体脂肪贮存。脂肪是脂溶性维生素的溶剂和产品的组成成分。

碳水化合物是牛体所需能量的主要来源,多余的碳水化合物可转变成肝脏中的肝糖原和肌肉中的肌糖原、体脂肪等。

维生素、矿物质以及某些氨基酸、脂肪酸等,在牛体内起着不可缺少的调节作用。如果缺乏,牛体正常生理活动将出现紊乱,甚至死亡。

29. 日粮中哪些成分给牛提供能量?

奶牛能量营养来源于三大有机物质,即碳水化合物、脂肪和蛋白质。

奶牛能量来源的生理顺序首先是碳水化合物,其次是脂肪,最后是蛋白质。当碳水化合物作为能量的第一来源利用受阻、或处于泌乳高峰阶段发生能量负平衡时,脂肪自然当做能量来源被利用,当大量脂肪以这种方式利用、肝内生成的酮体超过了肝外组织所能利用的限度,这样就会发生酮病,因此当这种顺序出现混乱时,通常预示着一种病态。

除此之外,蛋白质饲料由于价格昂贵,提供能量时需要脱氨基浪费能量约 18%,所以一般作为能量来源是极不经济的。因此,为肉牛提供能量的养分主要是碳水化合物。

30. 奶牛对能量的需要怎样计算?

奶牛对能量的需要量用泌乳净能(产奶净能)表示,成年奶牛的能量需要分为维持净能和泌乳净能。由于奶牛的代谢和代谢体重(体重$^{0.75}$)有关,所以成年奶牛维持的泌乳净能的需要量(千焦)$=356\times$体重$^{0.75}$。如600千克体重的母牛维持的泌乳净能的需要量(千焦)$=356\times$体重$^{0.75}=356\times600^{0.75}=43\,158$千焦。

由于第一和第二胎次奶牛的生长发育尚未停止,故第一胎次的能量需要须在维持基础上增加20%,第二胎次增加10%。

奶牛的泌乳净能就是根据奶牛的产奶量提供给奶牛的。比较简单的计算方法是根据所产牛奶的脂肪的含量(乳脂率)折算为标准奶的量,方法为标准奶的量=牛奶量$\times(0.4+0.15\times$牛奶的实际乳脂率)。

如某一头牛某天产奶量为25千克,乳脂率为3.3%,转化为标准奶量为:

标准奶量$=25\times(0.4+0.15\times3.3)=22.38$千克

每产1千克标准奶给予泌乳净能3 138千焦就可以了,这样,这头牛的能量需要量就是维持净能+泌乳净能$=43\,158$千焦$+22.38$千克$\times3\,138$千焦$=113\,386.44$千焦$=113.39$兆焦。

如果能同时测定牛奶中的乳脂率、乳蛋白率和乳糖率,可按如下回归公式计算:

每千克奶的能量(兆焦)$=0.75+0.388\times$乳脂率(%)$+0.164\times$乳蛋白率(%)$+0.055\times$乳糖率(%)

奶牛有时还可能既产奶又妊娠,但妊娠前6个月所需要的能量可以忽略,从妊娠第六个月以后,即在妊娠 6～9 个月时,每天应在维持基础上增加 4.18,7.12,12.55 和 20.92 兆焦产奶净能。

31. 生长牛对能量的需要怎样计算?

生长牛的能量需要包括维持能量需要和增重净能的需要两部分。

生长牛的维持能量需要(千焦)=584.6×体重$^{0.67}$

增重的能量沉积(兆焦)=增重(千克)×[6.276+0.0188+4.184×体重(千克)]/[1-0.3×增重(千克)]

生长牛增重净能是在增重的能量沉积的基础上进行校正后使用的。校正系数为:150 千克体重以下为 1,151～250 千克体重为 1.12,251～350 千克体重为 1.25,351～450 千克体重为 1.35。

32. 奶牛对粗蛋白质的需要怎样计算?

成年奶牛维持的粗蛋白质的需要量为(克):4.6×体重$^{0.75}$。平均每生产 1 千克标准乳需要粗蛋白质 85 克。

未产奶的生长牛维持的粗蛋白质的需要量同成年母牛,增重的蛋白质量为:

增重的蛋白质需要量(克)=日增重×(170.22-0.1731×体重+0.000178×体重^2)×(1.12-0.1258×日增重)

妊娠的蛋白质需要在维持的基础上,粗蛋白质的给量,妊娠 6 个月时为 77 克,7 个月时为 145 克,8 个月时为 255 克,9 个月时为 403 克。

33. 怎样判断奶牛日粮能量与蛋白质是否平衡?

饲料蛋白质在进入瘤胃后,有 50%～70% 被瘤胃微生物降解,这一部分蛋白质称瘤胃降解蛋白,饲料中的另一部分蛋白质在瘤胃中未被降解,称瘤胃非降解蛋白。饲料在瘤胃中经瘤胃发酵后也可提供一部分能量(叫瘤胃可发酵有机物)。瘤胃微生物蛋白质的合成,必须由饲料经瘤胃发酵后去提供所需的能量和氮源,当蛋白质的瘤胃降解率和微生物可利用的能量不匹配,或超过瘤胃微生物的利用速度时,就会造成蛋白质或能量的浪费,严重时会引起奶牛繁殖性能下降甚至造成氨中毒而死亡。因此,通过判断奶牛日粮能量与蛋白质是否平衡,就可以判断日粮养分的利用效率。

为了使日粮的配合能更为合理,以便同时满足瘤胃微生物对瘤胃可发酵有机物和瘤胃降解蛋白的需要,可用瘤胃能氮平衡的原理判断:

瘤胃能氮平衡=用瘤胃可发酵有机物评定的瘤胃微生物蛋白质量—用瘤胃降解蛋白评定的瘤胃微生物蛋白质量

如果日粮的瘤胃能氮平衡结果为零,则表明平衡良好;如为正值,则说明瘤胃能量有富余,这时应增加瘤胃降解蛋白;如为负值,则表明应增加瘤胃中的能量(表 4-1)。

该例计算表明,对瘤胃微生物蛋白质合成而言,该玉米所提供所需的能量有富余,这时尚缺少合成 20.7 克瘤胃微生物蛋白质所需的降解氮,如能在配合日粮时加以补足,就会满足达到微生物最大合成量所需的瘤胃可发酵有机物和降解氮。

按尿素有效量的方法可计算出尿素的添加量为 85 克时,可补足瘤胃所缺的降解氮(详见《奶牛营养需要与饲养标准》)。

表 4-1　奶牛日粮的瘤胃能氮平衡情况

日粮组成	日喂量	粗蛋白质量（克）	蛋白质降解率（%）	降解蛋白（克）	可发酵有机物（千克）	瘤胃能氮平衡		
						可发酵有机物评定	瘤胃降解蛋白评定	平衡值
玉米青贮	25	400	60	240	3.75	510	216	294
干　草	2	148	40	59	0.8	109	53	56
玉　米	4.7	399	50	199	2.12	288	179	109
小麦麸	3	417	50	209	1.22	166	188	—22
豆　粕	2.5	967	50	484	1.13	154	436	—282
总　计		2331		1191	9.02	1227	1072	155

34. 什么是常量元素？奶牛对常量元素的需要怎样计算？

按照奶牛体内矿物元素含量可以分为两类，即常量元素和微量元素。常量元素是指占奶牛体重在 0.01% 以上的矿物元素，一般包括钙、磷、镁、钾、钠、氯和硫 7 种元素。

泌乳的奶牛对钙、磷的需要为：维持需要按每 100 千克体重给 6 克钙和 4.5 克磷，每生产 1 千克标准乳给 4.5 克钙和 3 克磷。对食盐的需要量为：维持需要按每 100 千克体重给 3 克，每产 1 千克标准乳给 1.2 克。

生长牛的钙、磷需要为：维持需要按每 100 千克体重给 6 克钙和 4.5 克磷。每千克增重为 20 克钙和 13 克磷。对食盐的需要量同泌乳牛。

奶牛对镁、钾、硫的需要量分别为 0.2 毫克/千克、0.8 毫克/千克、0.1~0.2 毫克/千克日粮（以干物质计）。

35. 什么是微量元素？微量元素对奶牛营养有何作用？

微量元素是指占奶牛体重在 0.01% 以下的矿物元素，与常量元素相对应，虽然在体内含量很少，但为机体生理功能所必需。一般包括铁、铜、锌、锰、碘、钴、硒、钼、铬和硅等元素。

微量元素对奶牛具有非常重要的作用。铁是血红蛋白、肌红蛋白、细胞色素和其他酶系统的必需成分，在将氧运输到细胞的过程中起重要作用。铜参与血红蛋白的合成、铁的吸收，是许多酶的组成成分，如制造血细胞的辅酶。锌与被毛生长、组织修复、繁殖功能和奶牛味觉功能密切相关，是有关核酸代谢、蛋白质合成、碳水化合物代谢的 30 多种酶系统的激活剂和构成成分。锰主要存在于骨骼、肝、肾等器官和组织中。锰与许多酶的活性有关，如水解酶、激素酶和转移酶的活性，与生长、代谢，尤其与牛的繁殖密切相关。碘可以合成甲状腺激素，调节机体的能量代谢，还可预防牛的腐蹄病。钴被瘤胃微生物用来合成维生素 B_{12}。硒是谷胱甘肽过氧化物酶的成分，能预防犊牛的白肌病和繁殖母牛的胎衣不下。钼是动物组织中的黄嘌呤氧化酶必不可少的成分，是维持牛健康的一种不可少的元素。

36. 奶牛缺乏微量元素的后果怎么样？

缺铁使牛出现贫血，生长缓慢，甚至有吃土、啃石头等异嗜行为，皮肤和可视黏膜苍白，舌、乳头萎缩，泌乳量下降，饲料利用率下降,奶中铁含量下降,如果依靠单一哺乳可使犊牛血红素合成减少发生低色素性贫血。

缺铜也会发生贫血,被毛粗糙无光泽、褪色,全身被毛变成灰色。严重缺乏时脱毛、腹泻,体重下降,生长停滞,四肢骨端肿大,骨骼脆弱,经常导致肋骨、股骨、肱骨复合性骨折,关节僵硬,可导致老牛的"对侧步"步态;发情不正常,繁殖性能下降,难产和产后恢复困难;犊牛缺铜出生时便为先天性佝偻病,常因心脏衰弱而造成疾病或突然死亡等。

缺锌发生在犊牛则会出现采食量下降和生长发育停滞,精神委靡不振,后肢、颈部、头与鼻孔周围脱毛、角化不全。成年奶牛缺锌常出现异嗜,采食量下降,蹄质异常,生产性能和繁殖性能下降。

奶牛缺锰产出的犊牛畸形,犊牛关节僵硬,出现运动失调,生长停滞。奶牛发情不正常,妊娠母牛流产。

缺钴会使牛食欲降低,精神委靡,生长发育受阻,体重下降,消瘦,被毛粗糙,贫血,皮肤和黏膜苍白,甚至死亡。

犊牛缺碘表现为甲状腺肿大,有时无毛或少毛,皮肤厚而干燥,虚弱。成年奶牛甲状腺肿大,消瘦和繁殖功能障碍。饲喂羽衣甘蓝、油菜、芜菁、生大豆粕、菜籽饼、棉籽粕等饲料,可使奶牛出现缺碘症,引起甲状腺肿大。

缺硒发生在犊牛主要为白肌病,在心肌和骨骼肌上具有白色条纹、变性和坏死,跗关节弯曲和肌肉震颤,表现为比较典型的弱犊。妊娠牛易发生胎衣滞留、乳房炎和奶中体细胞数增加等,繁殖性能降低。

37. 奶牛对微量元素的需要量是多少?

奶牛微量元素的需要量见表4-2。

表 4-2　奶牛微量元素的需要量及中毒极限量的参考

（毫克/千克）

微量元素	缺乏极限量	需要量	中毒极限量
铁		50	
铜	7	10	30
锌	45	50	250
锰	45	50	1000
钴	0.07	0.1	10
碘	0.15	0.2	8
硒	0.1	0.1	0.5

摘自《奶牛营养需要与饲养标准》.2000 年,中国农业大学出版社

38. 奶牛需要哪些维生素? 对各种维生素的需要量是多少?

奶牛需要的维生素包括维生素 A、维生素 D、维生素 E,有时候还需要维生素 B_5 等。以单位/千克饲料干物质计,维生素 A 的需要量,泌乳母牛为 3 800(或 9.75 毫克胡萝卜素),妊娠母牛为 2 800(或 7.0 毫克胡萝卜素),生长肥育牛为 2 200(或 5.5 毫克胡萝卜素);维生素 D 需要量为 275;维生素 E 需要量为 15~16。

五、奶牛的饲料及其加工

39. 奶牛饲料的种类有哪些?

奶牛的饲料种类繁多,从营养价值非常低的农作物秸秆,到利用价值中等的谷实类饲料和饼(粕)类,一直到牛奶及代乳料等,为了合理地、经济地利用这些饲料,由美国学者哈理斯建议,将饲料分成下列八大类:粗饲料、青绿饲料、青贮饲料、能量饲料、蛋白质饲料、矿物质饲料、维生素和添加剂。中国饲料分类法是根据国际饲料分类原则,结合中国传统饲料分类习惯,将饲料分为16亚类。

我国劳动人民在长期的生产实践中,形成了自己朴素而较科学的饲料分类习惯。

(1)粗饲料 各种野生或种植的青干草,农作物的藤、蔓、秸、秕、荚,树叶,青绿饲料和青贮饲料等。

(2)精饲料 包括谷实饲料、麦麸、豆类和饼(粕)类等。

(3)糟渣类 包括豆腐渣、酒糟、啤酒糟、醋糟、甜菜渣、粉渣、酱油渣和玉米淀粉渣等。

(4)添加剂 包括矿物质、维生素等营养性及非营养性添加剂。

(5)块根、块茎、瓜果类 包括胡萝卜、甘薯、马铃薯、饲用甜菜、番瓜、芜菁、西葫芦和西瓜等。

40. 什么是奶牛的粗饲料?

粗饲料是饲料干物质中的粗纤维含量大于或等于18%,以风干物饲喂的饲料。这类饲料容重小，纤维成分含量高，可消化养分含量低。主要种类见"奶牛饲料的种类有哪些？"部分。

41. 常用的豆科牧草有哪些？有哪些营养特点？

奶牛生产中常见的豆科牧草有紫花苜蓿、沙打旺、红豆草、小冠花、白三叶、红三叶、毛苕子、白花草木樨和胡枝子等，是养牛生产中最重要的一类牧草，由于其固有的固氮性能和对土壤的改良性能，使其在农业生产中得到广泛的应用。其中紫花苜蓿、沙打旺和红豆草应用最广。

豆科牧草含有丰富的蛋白质、钙和多种维生素，具有很高的营养价值。开花期粗蛋白质占干物质的 15% 以上，可消化蛋白质达 9%～10%。钙含量一般都在 0.9% 以上，高者可达2%。

豆科牧草新鲜饲喂的适口性好，草质柔嫩，刈割后再生能力较强。豆科牧草在初花期至盛花期刈割。

新鲜饲喂应设置过渡期，防止瘤胃臌胀；最好新鲜饲喂，不得堆放时间过长，草木樨等经堆放发霉后，可引起中毒，发生类维生素 K 缺乏症。调制成干草粉的豆科牧草纤维素含量低，可代替部分饼(粕)类饲料，还可有效补充维生素 A。

42. 常用的禾本科牧草有哪些？有哪些营养特点？

奶牛生产中应用较多的禾本科牧草有无芒雀麦、披碱草、冰草、羊草、老芒麦、多年生黑麦草和苏丹草等。

禾本科牧草富含无氮浸出物和粗纤维，其蛋白质和钙含量低于豆科牧草。在干物质中粗蛋白质的含量为 10％～15％,粗纤维约占 30％。禾本科牧草适口性好,饲用价值高。禾本科牧草一般在孕穗期刈割,不得堆放,一旦发霉变质后不能饲喂,通过晒制成干草,或做成青贮饲料防止发霉变质。调制干草时叶片不易脱落,茎叶干燥均匀。由于含有丰富的碳水化合物,很容易制成优良的青贮饲料。

禾本科牧草耐牧性较强,再生性强,在保持水土、防止冲刷和改善生态方面有重大作用。

43. 干草的调制方法有哪几种?

(1)田间干燥法 牧草刈割后在原地平铺成薄层草行,使青草水分通过暴晒 5～7 小时迅速蒸发,当草中水分下降至 40％～50％时,细胞呼吸作用迅速停止,减少了营养的损失。然后将草行集中成松散的或中空的小堆,即高 1 米、直径 1.5 米的小垛,晾晒 4～5 天,待水分降至 15％～17％时,再堆于草棚内以大垛贮存(图 5-1)。

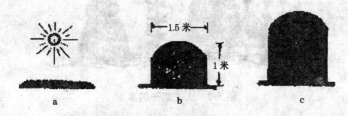

图 5-1 干草晒制方法
a. 太阳暴晒 5 小时 b. 小堆晒 c. 大堆垛

该法养分的损失主要来自细胞的呼吸和叶片的散落,而且损失部分多是营养价值较高的叶片和细茎。经过阳光作用,除麦角固醇转变为维生素 D_2 外,各种维生素大量被破坏。

(2)人工阴干法　把收割的青草放在有遮阴设施的草架上,自然通风晾干。在阴干过程中,虽然植物细胞呼吸代谢会有养分的损失,但由于不必翻草、集堆,叶片损失少,也无地面吸潮,且避免淋雨,相对损失少。这种方法晒制的干草颜色青绿、草气清香、营养丰富,是良好的粗饲料。草架见图5-2。

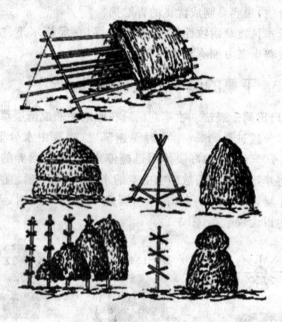

图5-2　人工阴干的草架

(3)高温快速干燥法　该干燥方法牧草养分损失很少,几乎可以完全保存青饲料的营养价值,是生产优质干草的手段。将牧草切碎放到烘干机内,通过高温空气,使牧草快速干燥。把牧草的含水量从80%左右迅速降至15%以下。烘干机入口温度为420℃～1 160℃,出口为60℃～260℃。但牧草本身的温度很少超过 30℃～35℃。

高温快速干燥法虽然效率很高,但由于成本高,在我国的应用受到了限制。

44. 怎样判断干草品质的优劣?

优质干草应含有牛需要的各种营养物质,消化率高,适口性好。鉴定方法有感官鉴定、化学分析与生物技术法,生产上常通过感官鉴定判断干草品质的优劣。

(1)优良干草品质感官(现场)鉴定

①颜色气味　绿色越深,营养物质损失越小,胡萝卜素及其他维生素越多,品质也越好。适时刈割的干草都具有浓厚的芳香气味,能刺激牛的食欲,增加适口性,如果干草具有霉味或焦灼的气味,则品质不佳。

②叶片含量　优良干草要叶量丰富,有较多的花序和嫩枝。叶片中蛋白质和矿物质含量比茎多 1～1.5 倍,胡萝卜素多 10～15 倍,粗纤维含量比茎少 50%～100%,营养物质的消化率比茎高 40%。鉴定时取一束干草,看叶量的多少,豆科牧草干草叶量应占 50% 以上。

③牧草质地　初花期刈割调制的干草中含有花蕾,未结实花序的枝条较多,叶多,茎秆质地柔软,适口性好,品质佳。若刈割过迟,干草叶量少,带有成熟或未成熟种子的枝条数目多,茎秆坚硬,适口性、消化率都下降,品质变劣。

④含水量　干草的含水量应为 15%～18%,如含水量达 20% 以上时,不宜贮藏。因为易引起草垛发热或发霉,草质变差。

⑤病虫害情况　有病虫害的牧草调制成的干草营养价值较低,且不利于健康,鉴定时抓一把干草,检查其叶片上是否有病斑出现,是否带有黑色粉末等,如果发现带有病斑,不能

饲喂奶牛。

(2)干草的分级 评定干草的品质,许多国家都制定有统一的标准。我国目前尚未制定统一的评定标准,但有些省、自治区、直辖市也曾拟定地方性干草检验标准。

内蒙古自治区制定的青干草等级标准如下。

①一等 以禾本科草或豆科草为主体,枝叶呈绿色或深绿色,叶及花序损失不到5%,含水量15%～18%,有浓郁干草香味,但由再生草调制的优良青干草,可能香味较淡。无沙土,杂类草及不可食草不超过5%。

②二等 草种较杂,色泽正常,呈绿色或淡绿。叶片及花序损失不到10%,有香草味,含水量15%～18%,无沙土,不可食草不超过10%。

③三等 色暗,叶片及花序损失不到15%,含水量15%～18%,有香草味。

④四等 茎叶发黄或变白,部分有褐色斑点,叶片及花序损失大于20%,香草味较淡。

⑤五等 发霉,有霉烂味,不能饲喂。

国外干草分级标准见表5-1,表5-2。

表5-1 国外人工豆科干草的分级标准

	豆 科 (%)≥	有毒有害物 (%)≤	粗蛋白质 (%)≥	胡萝卜素 (毫克/千克) ≥	粗纤维 (%)≤	矿物质 (%)≤	水 分 (%)≤
一 级	90	—	14	30	27	0.3	17
二 级	75	—	10	20	29	0.5	17
三 级	60	—	8	15	31	1.0	17

表 5-2　国外豆科和禾本科混播干草的分级标准

	豆　科 (%)≥	有毒有害物 (%)≤	粗蛋白质 (%)≥	胡萝卜素 (毫克/千克) ≥	粗纤维 (%)≤	矿物质 (%)≤	水　分 (%)≤
一　级	50	—	11	25	27	0.3	17
二　级	35	—	9	20	29	0.5	17
三　级	20	—	7	15	32	1.0	17

45. 什么是青贮？青贮有什么好处？

青贮饲料是指在密闭的青贮设施(窖、壕、塔、袋等)中,或经乳酸菌发酵,或采用化学制剂调制,或降低水分而保存的青绿多汁饲料。

青贮减少了干草晒制与贮存过程中养分的损失,能有效并长期保存饲料中的蛋白质和维生素,特别是胡萝卜素的含量;饲料经过青贮发酵,气味芳香,柔软多汁,适口性好;调制青贮饲料可把夏、秋多余的青绿饲料保存起来,供冬、春利用,利于营养物质的均衡供应;青贮调制方法简单、易于掌握;不受天气条件的限制;取用方便,可以随用随取;贮藏空间比干草小,可节约存放场地;贮藏过程中不受风吹、雨淋、日晒等影响,也不会发生秸秆冬天大量露天堆放引起的火灾。

46. 青贮方式有哪些？

依据存贮形式不同,青贮可使用青贮窖、青贮塔、圆筒塑料袋等。青贮窖可采用地下式、地上式或半地上式,具体根据已有条件而定。

(1)青贮窖　窖底应高于地下水位,窖壁和窖底使用砖或混凝土结构,窖的大小根据牛群而定,一般每立方米可贮玉米青贮450～750千克,按1头成母牛年需青贮9 000～15 000千克、青年牛6 000～11 000千克、育成牛3 000～6 400千克、犊牛500千克计算,窖底应设渗水井或有一定角度的倾斜,倾斜的低点为开窖取草的方向。

青贮制作最好在2～3天内完成,特别是气温较高时,应尽快封窖,贮量较大、窖较长时可以分段进行。青贮原料在装窖时切短到1.5～3厘米,边装边压实,大窖一般采用链轨拖拉机。窖顶略高,窖装好后,顶部用塑料薄膜覆盖密封,并用土等压实,一定要防止雨水渗入。

(2)圆筒塑料袋 选用0.2毫米以上厚实的塑料膜做成圆筒形,与相应的袋装青贮切碎机配套,如不移动可以做得大些,如要移动,以装满后两人能抬动为宜。塑料袋可以在牛舍内、草棚内、院子内堆放,最好避免直接晒太阳使塑料袋老化碎裂,要注意防鼠防冻。

(3)草捆青贮 主要用于牧草青贮,将新鲜的牧草收割并压制成大圆草捆,装入塑料袋并系好袋口便可制成优质的青贮饲料。注意保护塑料袋,不要让其破漏。草捆青贮取用方便,在国外应用较多。

(4)堆贮 堆贮是在砖地或混凝土地上堆放青贮的一种形式。这种青贮只要加盖塑料布,上面再压上石头、汽车轮胎或土就可以。但堆垛不高,青贮品质稍差。堆垛应为长方形而不是圆形,开垛后每天横切4～8厘米,保证让牛天天吃上新鲜的青贮饲料。

(5)青贮塔 国外也采用青贮塔进行青贮,青贮塔为地上的圆筒形建筑,国外多用金属外壳,水泥预制件做衬里。长久耐用,青贮效果好,塔边、塔顶很少霉坏,便于机械化装料与卸料。青贮塔的高度应为其直径的 2～3.5 倍,一般塔高 12～14 米,直径 3.5～6 米。在塔身一侧每隔 2 米高开 1 个 0.6 米×0.6 米的窗口,装料时关闭,取空后敞开。青贮塔建筑成本高。

47. 青贮原料有哪些? 何时收获最佳?

很多青饲料都能制作青贮,其中以含糖量多的青饲料效果较好。从表 5-3 可以看出禾本科作物或牧草由于含糖量高,易于青贮;豆科作物或牧草含粗蛋白质高,易腐烂,难以青贮,须用其他含糖量高的禾本科青饲料与之混合青贮。

表 5-3 一些青贮原料的含糖量

易于青贮的原料			不易青贮的原料		
饲　料	青贮后 pH	含糖量(%)	饲　料	青贮后 pH	含糖量(%)
玉米植株	3.5	26.8	草木樨	6.6	4.5
高粱植株	4.2	20.6	箭筈豌豆	5.8	3.62
菊芋植株	4.1	19.1	紫花苜蓿	6.0	3.72
向日葵植株	3.9	10.9	马铃薯茎叶	5.4	8.53
胡萝卜茎叶	4.2	16.8	黄瓜蔓	5.5	6.76
饲用甘蓝	3.9	24.9	西瓜蔓	6.5	7.38
芜　菁	3.8	15.3	南瓜蔓	7.8	7.03

原料适时收割,可以获得最大营养物质产量,水分和可溶性碳水化合物含量适当,有利于乳酸发酵,易于调制优质青贮料。一般禾本科牧草宜在孕穗期至抽穗期,豆科牧草宜在现蕾期至开花初期进行收割。原料收割后应立即运至青贮

地点切短。整株玉米青贮应在蜡熟早期，即在干物质含量为 25%～35% 时收割最好。收获果穗后的玉米秸青贮，宜在玉米果穗成熟、玉米茎叶仅有下部 1～2 片叶黄时，立即收割玉米秸青贮；或玉米七成熟时，削尖青贮，但削尖时果穗上部要保留一片叶片。

48. 青贮原料适宜的含水量是多少？怎样调节？

青贮原料含水量是否适宜在很大程度上决定了青贮制作能否成功。适宜的含水量是微生物生长繁殖所必需，原料含水量过高，在压实过程和之后的发酵过程中会产生渗液，部分营养物质会随水分挤压出来，造成营养损失和环境污染；青贮原料的糖分被稀释，不利于乳酸菌繁殖。原料含水量过低时，由于渗透压过高不能使微生物存活，发酵过程减弱，再加上含水量过低时不能压实，使饲料在贮存期间发热造成干物质损失。

青贮原料的含水量用分析方法测定最为准确。但在生产实践中难以测定，一般用手挤压大致判别：用手握紧一把切碎的原料，如水能从手指缝间滴出，其水分含量在 75% 以上；如水从手指缝间渗出并未滴下来，松手后仍保持球状，手上有湿印，其水分在 68%～75%，若是禾本科草则已适于制作青贮；手松后若草球慢慢膨胀，手上无湿印，其水分在 60%～67%，适于豆科牧草的青贮；如手松后草球立即膨胀，其水分在 60% 以下，不宜做普通青贮，只适于幼嫩牧草低水分青贮。

青贮原料的水分以 65% 较为合适，含水量过低时，可以在切草机出料口处绑扎自来水管加水。含水量过高时，通过晾晒、与其他青贮原料混贮、或添加干料等方法来进行调节。

49. 怎样调制优质青贮?

先将窖底及四周墙壁清扫干净,将青贮原料用大型揉切机或切草机切成 1 厘米左右长短的碎料,如果是人工踩窖时,窖底填到 50 厘米厚的原料时,在窖的四周、特别是四个拐角处踩实,以后每添加 15～20 厘米厚的原料后,重复上述踩窖过程,直至满窖并高出青贮窖所在平面 100 厘米为止,再用链轨式拖拉机压实,把高出地面的四周用叉子修理整齐,把窖顶整平并修理,使之呈馒头状或屋脊状,以利于排水,防雨水或雪水渗入。最后用塑料薄膜(黑色双层优先,其次黑色单层,再次白色单层,单层塑料薄膜厚度达到 0.7 毫米以上)封窖,塑料薄膜的宽度以覆盖窖顶后在两侧各剩出 50 厘米为宜,然后把窖顶和四周压 25 厘米厚的泥土或细土,防止漏气。

封窖后的 3～5 天检查窖顶和四周是否露出塑料薄膜、薄膜是否破烂、窖顶局部是否下陷等,然后再修补、填土。

从开始制作青贮到封窖最好在 3 天内完成,如果青贮窖很长时,应该从窖的一端开始集中添加原料,每天压实一段就覆盖塑料薄膜,但上面暂时不压泥土,到全部填满原料后集中用拖拉机压实后覆盖薄膜和泥土。

为缩短青贮制作过程,防止原料发热受损,还要增加铡草机数量和用大型铡草机,并轮班昼夜加工。每天都要把铡草机的刀片磨削,确保原料经过切割能成为碎片,这样才能压实。

用禾本科原料制作的青贮,一般在装窖后 20 天就可以开窖饲喂,纯豆科植物青贮,40 天后才可开窖。

一般在背风一面开窖,开窖时注意不能把上面覆盖泥土溜进青贮里,以防引起瓣胃阻塞。每天切取 4 厘米以上厚度。小窖可将顶部揭开,每天水平取料 5 厘米以上,取料后再用薄膜覆盖,防止日晒雨淋和二次发酵损失。

50. 怎样调制尿素青贮?

尿素青贮制作见图 5-3。

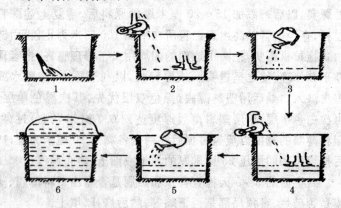

图 5-3 尿素青贮制作示意

1. 清扫窖底 2. 装料 50～60 厘米踩实 3. 喷入尿素
4. 再装料 15 厘米,踩实 5. 再喷入尿素 6. 以后每装料 15 厘米、踩实,喷入尿素,装料到高出窖 1 米,用塑料薄膜密封

制作尿素青贮技术步骤为:

第一,先将窖底及四周墙壁清扫干净。

第二,将当年收获青玉米秸或其他青农作物秸秆为原料,将秸秆用大型揉切机或切草机切成 1～2 厘米长短,在窖底添 50 厘米厚的原料(最好是风干的),根据原料含水量调整秸秆含水量在 65%～75%。

第三,按每 1 立方米原料 500 千克的重量计算出原料量,然后按照原料量的 0.5% 计算尿素添加量,把尿素制成饱和水溶液,均匀喷洒在原料上,压实。

第四,以后每添加 15 厘米厚的原料后,用尿素饱和水溶液喷洒原料,每层压实,直至满窖并高出青贮窖所在平面 100 厘米为止,再用链轨式拖拉机压实。

第五,修理窖顶呈馒头状或屋脊状,以利于排水,防雨水或雪水渗入。

第六,用塑料薄膜封窖,塑料薄膜的宽度以覆盖窖顶后在两侧各剩出 50 厘米为宜,然后周围用泥土压紧,防止漏气。

第七,防鼠害及人、畜践踏塑料膜而引起漏气。

第八,封窖 40 天后才可开窖,窖存时间最好在 5 个月以上,以便于尿素渗透、扩散到原料中。

51. 常用的青贮饲料添加剂有哪些?

为了获得优质青贮饲料和减少在发酵过程中由于微生物的活动而造成的养分损失,人们一般借助青贮饲料添加剂对发酵进行控制。从技术层面看,青贮饲料添加剂必须是无毒的,对瘤胃发酵无不良反应。根据其功能分为 4 类:发酵抑制剂、发酵促进剂、好气性腐败菌抑制剂和营养添加剂。

(1)发酵抑制剂 发酵抑制剂是部分或全部抑制微生物生长,抑制有害微生物的活动,减少发酵过程损失。包括无机酸、甲酸、乙酸、乳酸、苯甲酸、丙烯酸、甲醛、抗生素等。

(2)发酵促进剂 通过加入乳酸菌、含碳水化合物丰富的物质和纤维素分解菌等,使乳酸菌尽快达到足够的数量,或增强乳酸菌的活动,加快发酵过程,迅速产生大量乳酸,使青贮原料的酸度迅速下降。这类添加剂主要有含碳水化合物丰富的物质,如葡萄糖、谷实类、乳清、糖蜜等,同时加入乳酸菌和纤维素分解菌等。

(3)好气性腐败菌抑制剂 好气性腐败菌抑制剂的作用是抑制对青贮需氧腐败起重要作用的生物体(腐败菌、霉菌等)的活动。因为好气性腐败菌的活动会使青贮饲料腐败变质。这些添加剂包括山梨酸、丙酸、氨、双乙酸钠等。

(4)营养添加剂 这类添加剂指加入到青贮料中能明显改善采食青贮饲料的家畜的营养需要的物质,它包括含碳水化合物丰富的物质、含氮化合物、矿物质。含碳水化合物丰富的物质如前面提到的糖蜜、玉米面等,含氮物质如硫酸铵、尿素(添加量按原料的0.5%计)等,矿物质如食盐、碳酸钙等。

52. 怎样鉴定青贮品质?

青贮饲料的鉴定常用感官鉴定和化学分析法。

(1)感官鉴定法 指针对颜色、气味、质地和 pH 鉴定。

①颜色 优质青贮饲料的颜色为青绿色、黄绿色,接近原料的颜色;中等青贮饲料呈黄褐色或暗绿色;劣质青贮饲料为褐色、黑色或墨绿色。

②气味 优质青贮饲料散发出酸香味,略带酒香味;中等青贮饲料为醋酸味,缺乏香味;劣质青贮饲料有恶臭味和发霉味。

③质地 优质青贮饲料质地紧密、湿润、易分离,一般不结块;劣质青贮饲料易结成团,质地松软,手感发黏。

(2)化学分析法

①pH 优质青贮饲料 pH 为 3.8～4.4,中等青贮饲料为4.5～5.4;劣质青贮饲料为 5.5～6。

②有机酸含量 测定青贮饲料中的乳酸、醋酸和酪酸的含量是评定青贮饲料品质的可靠指标。优良的青贮饲料含有

较多的乳酸,少量醋酸,而不含酪酸。品质差的青贮饲料,含酪酸多而乳酸少,如表5-4。

表5-4　不同青贮饲料中各种酸含量　（%）

等级	pH	乳酸	醋酸		酪酸		氨态氮/总氮
			游离	结合	游离	结合	
良好	3.8～4.4	1.2～1.5	0.7～0.8	0.1～0.15	—	—	小于10%
中等	4.5～5.4	0.5～0.6	0.4～0.5	0.2～0.3	—	0.1～0.2	15%～20%
低劣	5.5～6.0	0.1～0.2	0.1～0.15	0.05～0.1	0.2～0.3	0.8～1.0	20%以上

一般情况下,青贮饲料品质的评定还要进行腐败和污染鉴定。青贮饲料腐败变质,其中含氮物质分解成氨,通过测定氨可知青贮饲料是否腐败。鉴定时可根据氨、氯化物及硫酸盐的存在来评定青贮饲料的污染度。

53. 怎样正确饲喂青贮饲料?

青贮虽然能比较完整地保存原料中的养分,具有酸香可口、适口性好等优点,但也必须正确饲喂才能显示其独特优势。

青贮窖的顶部和四周一般由于密封不严出现霉变和结块现象,有时腐烂成为黑褐色,应弃掉,否则可使牛腹泻。

3月龄以前的犊牛正是瘤胃微生物栖居的阶段,饲喂青贮饲料会影响瘤胃微生物的定殖,应不喂或者限制青贮饲料饲喂量。

优质青贮饲料酸性大,单一使用青贮饲料会降低奶牛的干物质采食量,牛奶中乳脂率会略有下降,应尽可能与干草混用,一般以干物质计算,青贮饲料和干草各占50%更好。如果与氨化秸秆混饲,效果更好。

冬季青贮饲料容易结冰,取出的青贮饲料应放在牛舍内,以免饲喂冰冻青贮饲料引起奶牛腹泻和流产。

54. 青贮失败的原因有哪些方面?

在原料合格、青贮设备保证的前提下,切断、压实是制作优质青贮的必备因素。

(1)青贮器具问题 土质青贮窖、或者砖石结构但不是用水泥勾缝的,由于不能做到严格密封,窖过大时延迟了封窖时间,或者窖过小时不能用拖拉机压实,只能人工踩窖,是青贮失败的外部条件。

(2)青贮原料问题 原料不合格是青贮失败的内因。一些青贮原料中的糖分不足,无法满足乳酸菌发酵的需要,导致产生的乳酸数量少,不能有效抑制腐败菌、霉菌等的繁殖,使青贮变坏。禾本科一般不缺,豆科较为缺乏,可以在制作过程中加玉米面解决。

原料的含水量不合适是造成青贮失败的另一原因,水分偏低时必须压实才可以避免青贮变坏,但干燥的原料又很难压实。水分偏高时,原料中的糖分被稀释,不利于乳酸菌繁殖。

(3)制作过程失误 原料没有切短(切割的刀片不锋利等),所以也不可能压实,制作过程中没有及时压实,最后没有用拖拉机等压紧,装窖时间过长,窖内滞留空气过多,密封不严(薄膜破损、薄膜四周没有压实等),外面空气进入,使植物细胞呼吸作用不能停止,产生的热量使窖内温度不断升高,再加上漏气,使好气性有害菌大量繁殖,产生霉变等。

55. 秸秆氨化方法有哪些?

秸秆经氨化后,可提高有机物消化率和粗蛋白质含量;改善了适口性,提高了采食量和饲料利用率;氨还可防止饲料霉变,使秸秆中夹带的野草籽不能发芽繁衍。目前氨化处理常用液氨、氨水、尿素和碳铵等。

(1)液氨氨化 液氨在常温常压下为无色气体,有强烈刺激气味,常温加压可液化,通常保存于钢瓶中。用液氨处理秸秆时,应先将秸秆堆垛,通常有打捆堆垛和散草堆垛两种形式。在高燥平坦的地面上,铺展无毒聚乙烯塑料薄膜,把打捆的或切碎的秸秆堆垛。在堆垛过程中,均匀喷洒一些水在草捆或散草上,使秸秆含水量约为 20%,垛的大小可根据秸秆量而定,大垛可节省塑料薄膜,但易漏气,不便补贴,且堆垛时间延长,容易引起秸秆发霉腐烂。一般掌握为垛高 2～3 米,宽 2～3 米,长度依秸秆量而定。用塑料薄膜把整垛覆盖,地上的塑料膜在四边重合 0.5～1 米,然后折叠好,用泥土压紧。垛顶应堆成屋脊形或蒙古包形,便于排雨水,上面再压上木杠、废轮胎等重物。打捆堆垛时为使垛牢固,可用绳子纵横捆牢。最后将液氨罐或液氨车用多孔的专用钢管每隔 2 米插入草堆通氨,总氨量为秸秆量的 3%。通氨完毕,拔出钢管,立即用胶布,将塑膜破口贴封好(图 5-4)。

液氨堆垛氨化秸秆时,要防鼠害及人、畜践踏塑料膜而引起漏气。为避免这一点也可用窖处理或氨化炉处理(图 5-5)。

氨化效果与温度有关(表 5-5),所以堆垛氨化在冬季需要密封 8 周以上,夏季密封 2 周以上。所用塑料薄膜以黑色为好,便于吸收太阳能。如用氨化炉,温度不能超过 70℃,否

图 5-4　整捆堆垛氨化秸秆制作示意

a. 地面砌一高 0.1～0.15 米、宽 2～4 米、长则按制作量而定的水泥硬化地面

b. 把整捆麦秸用水喷湿，码垛高 2～3 米

c. 用厚无毒塑料薄膜密封，四周用石块和沙土把塑料薄膜边压紧地面密封，用带孔不锈钢锥管按每隔 2 米插入，接上高压气管，通入氨气。为避免风把塑料薄膜刮掉，每隔 1～1.5 米，用绳子两端各拴 5～10 千克石块，搭在草垛上，把垛压紧

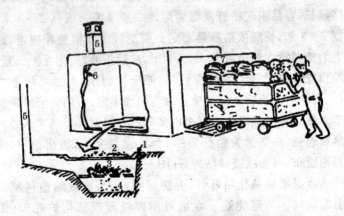

图 5-5　小型以煤为能源氨化炉示意

1. 不锈钢加热板　2. 板上放碳酸氢铵　3. 炉膛　4. 灰坑

5. 烟道　6. 带隔热层炉墙（氨化炉壁）

7. 带隔热层炉门（用电作能源更好操作）

则会产生有毒物质"4-甲基异吡唑"，氨化后，将草车拉出，任其通风，放掉余氨晾干后贮存、饲喂。

表 5-5　环境温度与氨化时间

环境温度 （℃）	氨化时间 （天）	环境温度 （℃）	氨化时间 （天）
0～5	＞56	20～30	7～21
5～15	28～56	30～45	3～7
15～20	14～28	70	0.5～1

（2）尿素和碳铵氨化　尿素、碳铵氨化秸秆可用垛或窖的形式处理。其制作过程相似于制尿素青贮，不过秸秆的含水量应控制在 35%～45%；尿素氨化时的用量为 3%～5%，碳铵用量为 6%～12%。把尿素或碳铵溶于水中搅拌，待其完全溶解后，喷洒于秸秆上，搅拌均匀。边装窖边稍踩实，但不能全踩实，否则氨气流通不畅，不利于氨化，使氨化秸秆品质

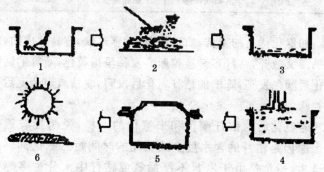

图 5-6　用尿素和碳铵氨化秸秆示意
1. 清扫　2. 拌料　3. 入窖　4. 稍踩实　5. 密封　6. 晒干

欠佳。用碳铵时，由于碳铵分解慢，受温度高低影响大，以夏天采用较好。开窖（垛）后晾晒时间应长些，以使残余碳铵分解散失，避免牛多吃引起氨中毒（见图 5-6）。尿素受温度的影响小，而碳铵则是在温度高时效果好。

56. 怎样鉴别氨化秸秆品质？

氨化秸秆品质鉴别有感官鉴定、化学分析和生物技术法。生产中常用感官鉴定法进行现场评定，是通过检查氨化饲料的色泽、气味和质地，以判别其品质优劣。一般分为 4 个等级，如表 5-6 所示。

表 5-6　氨化饲料品质感官鉴定等级

等　级	色　泽	气　味	质　地
优　良	褐　黄	烟　香	松散柔软
良　好	黄　褐	烟　香	较柔软
一　般	黄白或褐黑	无烟香或微臭	轻度黏性
劣　质	灰白或褐黑	刺鼻臭味	黏结成块

如氨化优良的麦秸，质地松散，手感柔软，容易揉成团，放开手团又散开，秸秆容易被拉断。麦秸呈褐黄色，新鲜的秸秆氨化后颜色发亮，陈旧的秸秆氨化后发暗，麦秸放走余氨后呈烟香味。

若氨化后的秸秆颜色和未氨化的一样，说明没有氨化好。原因是秸秆的含水量少或氨化的时间短。氨化饲料品质低劣，通常是由于密封不严漏氨或秸秆中水分过多等原因所致。

57. 氨化好的秸秆怎样喂牛？

氨化好的秸秆,需要取出在通风、干燥、洁净的水泥或砖铺地面上摊开、晾晒至水分低于 14％后贮存。切不可从窖中取出饲喂,虽表面无氨味,但秸秆堆内部仍有游离氨气,须晒干再喂,以免氨中毒。

58. 秸秆的复合化学处理方法有哪些？

秸秆经过氨化处理,提高了粗蛋白质含量和消化率,适口性也得到提高,但消化率提高程度不如用氢氧化钙或氢氧化钠处理的秸秆(又叫碱化处理),秸秆用氢氧化钙或氢氧化钠处理虽然显著提高了消化率,但秸秆本身养分没有增加,还有容易发霉问题,所以人们现在通常对秸秆进行复合处理。

(1)用尿素和氢氧化钙复合氨化秸秆 一般按照每 100 千克秸秆干物质加入 3～5 千克尿素和 2～4 千克氢氧化钙,包括秸秆本身含水量,使总含水量达到 40％。把尿素和氢氧化钙溶解到需要加入的水中,按照尿素氨化方法步骤均匀喷洒到秸秆上即可。

(2)造纸废液氨化麦秸 造纸废液中不仅含有过量的碱,而且还有造纸时溶解出的细胞内容物,因此用造纸废液处理秸秆可以变废为宝。一般按照每 100 千克秸秆加入碱法造纸第一次废液 20 千克均匀喷洒到秸秆上,再通入 3 千克液氨处理。

(3)盐水氨化麦秸 一般按照每 100 千克秸秆通入 3 千克液氨处理,再把 0.6 千克食盐溶解到水里均匀喷洒到秸秆上,对秸秆进行复合处理。

59. 农作物秸秆的物理加工方法有哪些?

(1)机械加工 机械加工是指利用机械将粗饲料铡短、粉碎或揉碎,这是粗饲料利用最简便而又常用的方法。尤其是秸秆饲料比较粗硬,加工后便于咀嚼,减少能耗,提高采食量,并减少饲喂过程中的饲料浪费。

①铡短 利用铡草机将粗饲料切短至1~2厘米,稻草较柔软,可稍长些,而玉米秸秆较粗硬且有结节,以1厘米左右为宜。玉米秸青贮时,应使用铡草机切短至2厘米以下,以便于踩实。

②粉碎 粗饲料粉碎可提高饲料利用率和便于混拌精饲料。粉碎的细度不应太细,否则会影响反刍。

③揉碎 使用揉碎机将秸秆饲料揉搓成丝条,尤其适于玉米秸的揉碎,可饲喂牛、羊、骆驼等反刍家畜。秸秆揉碎不仅可提高适口性,也提高了饲料利用率,是当前秸秆饲料利用比较理想的加工方法。

(2)热加工 热加工主要指蒸煮、膨化和高压蒸汽裂解3种方法。

①蒸煮 将切碎的粗饲料放在容器内加水蒸煮,以提高秸秆饲料的适口性和消化率。吉林省延边朝鲜族自治州的农民,多年来都有蒸煮稻草的习惯,有时还添加尿素,以增加饲料中非蛋白氮的含量。

②膨化 挤压膨化是利用高压水蒸气处理后突然降压以破坏纤维结构的方法,对秸秆甚至木材都有效果。膨化可使木质素低分子化和分解结构性碳水化合物,从而增加可溶性成分。虽然干物质消化率和奶牛生产性能均有显著提高。但因膨化设备投资较大,目前在生产上尚难以广泛应用。

(3)盐化 盐化是指铡碎或粉碎的秸秆饲料,用1%的食盐水,与等重量的秸秆充分搅拌后,放入容器内或在水泥地面堆放,用塑料薄膜覆盖,放置 12~24 小时,使其自然软化,可明显提高适口性和采食量。

物理加工均可缩短奶牛对粗料的采食时间,增大采食量。就机械加工的不同方法来看,揉碎效果最好,其次是粉碎,再次是切短,长草效果最差。机械加工和热加工相比,膨化、蒸煮的效果在采食量和消化率方面比切碎等更加优越。

粗饲料切短和粉碎可增加采食量,机械加工过细(小于0.5 毫米)会缩短反刍时间和在瘤胃里停留的时间,会引起纤维物质消化率下降,甚至停止正常反刍,而诱发伪反刍。因此,长度应适宜,以便维持瘤胃正常功能。

60. 什么是精料补充料?

精料补充料是由能量饲料、蛋白质饲料、矿物质饲料及添加剂组成,是专为牛、羊设计的,主要用以补充采食粗饲料不足的那一部分营养。它与粗饲料一起能全面满足牛的各种营养需要,当粗饲料变化时,精料补充料也需要做相应的改变。

61. 怎样选择奶牛精料补充料的原料?

为了保证奶牛业持续、健康发展,为不断满足人们对放心乳产品的需求,在选择精料补充料原料时,应注意以下事项:

第一,除犊牛外,不得选择动物源性原料,如鱼粉、骨粉、肉骨粉、羽毛粉、蚕蛹粉、血粉、血浆粉、动物下脚料、蹄粉、角粉等。

第二,严格执行《农业转基因生物安全管理条例》有关规定。

第三,在不明确成分的情况下,不得擅自使用"高蛋白粉"之类蛋白质饲料。

第四,禁止使用被农药、微生物污染的饲料原料。

第五,饲料原料中有害物质及微生物允许量应符合《饲料卫生标准》的要求。

第六,原料应具有该饲料品种应有的色、嗅、味和组织形态特征,禁止使用发霉、变质、结块、有异味的饲料原料。

第七,禁止使用违禁的饲料添加剂和兽药。

第八,在选择糟渣类饲料时,尽可能选择绿色食品和无公害食品的加工副产品,其农作物秸秆也应优先使用。

62. 怎样鉴别奶牛精料补充料原料的质量?

精料补充料原料的质量在很大程度上影响着精料补充料的质量甚至整个日粮,因此把握原料质量至关重要。鉴别原料的质量必须在感官鉴定基础上,采用多种分析方法,最根本的还是化学分析方法。但生产中常常需要凭借人的五官来鉴定饲料质量,来掌握瞬间即逝的机会,因此根据感官鉴定(又称经验鉴定)又不失为一种重要的鉴别方法。这就要求平时注意观察各种饲料,在充分了解和掌握各种原料的基本特征基础上,才能做到快速、准确地判别原料的质量优劣。

(1)观 观看饲料原料的颜色、形状、粒度、有无霉变、虫蛀、结块和异物等。通常价格越贵的原料,掺假的机会越多。如豆饼(粕)中掺豆皮、玉米、锯末或其他饼类,还有花生饼(粕)的霉变等,都能通过观察发现。

(2)品 取典型的原料少许,放入口中慢慢咀嚼后品味其味道。主要品有无苦味、麻辣味和其他异味。在咀嚼时判断里面有无沙粒或小碎石,还有是否黏牙等。如鉴定胡麻饼时,有苦味通常是焙炒过度,有辣味则掺有黄芥,垫牙则有沙土,黏牙可能有淀粉等。

(3)闻 用鼻子来嗅闻饲料是否具有原料物质的固有气味,并确定有无霉味、氨臭味、发酵酸味、焦煳味、腐败臭味或其他异味。如果原料气味超过其固有气味,可怀疑加有香精或植物油,则要更加小心。

(4)摸 将饲料放在手上,用指头捻和手掌搓等,通过感触来觉察其粒度的大小、硬度、黏稠性、有无夹杂物及水分的多少等。

(5)问 询问产地、加工过程、销售情况、尤其是哪些大的厂家正在使用或曾经使用,其他厂家停用的理由等。如小麦麸是采用剥皮工艺或过去老工艺加工而成的等。

液体原料接收时,检验的主要内容有:颜色、气味、比重、浓度等。经检验合格后的原料方可卸下贮存。

63. 精饲料原料的调制方法有哪些?

原料经过适当调制,可以提高采食量、适口性、消化率和减少抗营养因子的副作用。

(1)粉碎 粉碎是常用的最简单的方式,谷物子实、饼块料均需粉碎,适当的粉碎可以提高饲料的消化率,但粉碎过细时,适口性下降,采食量减少,唾液不能与精料补充料充分混合,会妨碍消化。

(2)蒸煮 豆类经过蒸煮可以破坏大豆中的抗胰蛋白酶,从而提高其适口性、消化率和营养价值,经蒸煮再炒,彻底将抗胰蛋白酶灭活,使消化吸收率达到最佳。

(3)焙炒 谷实经过焙炒熟化,可提高瘤胃降解率,也提高小肠消化率。玉米经过 130℃～150℃ 短时间的高温焙炒，可产生特有的香味，适口性增加。

(4)发芽 禾谷类子实饲料大多数缺乏维生素，经发芽后可成为良好的维生素补充饲料。发芽的方法较为简单，即：将要发芽的子实用 15℃ 的温水或冷水浸泡 12～14 小时后摊放在木盘或细筛内，厚 3～5 厘米，上盖麻袋或草席，经常喷洒清水，保持湿润。发芽室内的温度应控制在 20℃～25℃。发芽所需时间视室温高低和需要的芽长而定。一般经过 5～8 天即可发芽。

(5)压扁 将玉米、大麦、高粱加 16％ 的水，在 120℃ 左右的蒸汽加热室中加热 10～30 分钟使之软化，然后让其通过压辊间隙被压成片状，冷却后再配制成各种饲料。当日粮精饲料比例较大时，压扁比粉碎效果好。

(6)膨化 具有熟化、蓬松的特点，由于密度低，可在瘤胃中上浮，有利于提高瘤胃消化率，并由于熟化（糊化）与疏松，共同作用提高了在瘤胃的分解速度，有利于制作尿素等非蛋白含氮物饲料，提高尿素等利用率，降低尿素（拌料）日粮对乳蛋白率的负面影响和奶中氨态氮含量的影响。

(7)饲料颗粒化 饲料的颗粒化，就是将饲料粉碎后，根据牛的营养需要，按一定的饲料配合比例搭配，并充分混合，用饲料压缩机加工成一定的颗粒形状。颗粒饲料属全价配合饲料的一种，可以直接用来喂牛。

64. 怎样清除饲料原料中的杂质？

饲料原料中经常有石块、泥土、绳头、袋内膜、细铁丝等金属物品，这些杂质如果不加以清理，可损坏加工机器，或者被奶牛吞咽后引起创伤性胃炎、心包炎等，给奶牛生产带来极大的危害。

从原料选购、运输、加工、搬运等各个环节过程中,都要注意随手清除这些杂质。

(1)筛选法　利用杂质直径与原料尺寸的不同,用筛子分离出杂质。

(2)磁选法　加工之前经过磁选,可以把金属杂质去除。

(3)吸风除尘法　利用杂质和原料的悬浮速度不同,用吸风除尘法除去。

65. 怎样保证混合质量?

混合是生产配合饲料中一道关键工序,它是确保配合饲料质量和提高饲料效果的主要环节。饲料中的各种组分混合不均匀,轻者影响奶牛的生产性能,降低饲料效果,重者造成死亡。饲料是否混合均匀,可通过抽查测定不同机器型号、不同混合时间的料样混合均匀度确定。

(1)选机　选择与之相适合的混合机。

(2)操作要正确　在进料顺序上,应把配合比例大的组分先投入或大部分投入机内后,再将少量或微量组分置于易分散处,保证混合质量。

(3)定时检查混合均匀度和最佳混合时间　要定期保养、维修混合机、消除漏料现象,清理残留物料。

(4)防止交叉污染　更换配方时,必须对混合机彻底清洗。应尽量减少混合成品的输送距离,防止饲料离析。

66. 精饲料贮存的注意事项有哪些?

精料补充料原料不能露天堆放,须贮存于料仓中,料仓应建于高燥、通风和排水良好的地方,配备防火、灭火器具,具有防潮湿、防老鼠、防麻雀、防雨淋的条件。不同的饲料原料可以用袋装或散装方式贮放。

贮存饲料原料前，先把料库打扫干净，然后关闭所有窗户、门和通风孔等，用磷化锌或溴甲烷熏蒸后，再贮放。

精料补充料原料的含水量、料仓的温度、湿度等贮存条件关系到受损程度。

(1)含水量　正常原料中都含有不同的水分(表5-7)，水分可导致内部物质代谢，使霉菌、仓虫等繁殖生长而受损。适合霉菌生长的适宜条件是常温下15%的水分，仓虫则为13.5%以上的水分，任何害虫都会随着含水量增加而加速繁殖。

表5-7　不同精料补充料原料安全贮存的上限含水量　(%)

原料种类	含水量	原料种类	含水量
玉　米	12.5	燕　麦	13.0
稻　谷	13.5	米　糠	12.0
高　粱	13.0	麸　皮	13.0
大　麦	12.5	饼　类	11.0

(2)温度和湿度　温度、湿度两者直接和饲料含水量综合作用从而影响贮存期长短(表5-8)。另外，温度高低还会影响霉菌生长繁殖。在适宜湿度下，温度低于10℃时，霉菌生长缓慢；高于30℃时，则将造成相当危害。不同温度和不同含水量的精饲料安全贮存期见表5-9。

表 5-8　饲料中水分含量与空气相对湿度的关系

饲料种类	温度(℃)	空气相对湿度(%)					
		50	60	70	80	90	100
		水分含量(%)					
苜蓿粉	29	10.0	11.5	13.8	17.4		
米　糠	21~27			14.0	18.0	22.7	38.0
大　豆	25	8.0	9.3	11.5	14.5	18.8	

表 5-9　不同条件下精料安全贮存期　（天）

温度(℃)	水分含量(%)				
	14	15.5	17	18.5	20
10	256	128	64	32	16
15	128	64	32	16	8
21	64	32	16	8	4
27	32	16	8	4	2
32	16	8	4	2	1
38	8	4	2	1	0

(3)虫害和鼠害　在 28℃～38℃时最适宜害虫生长,低于 17℃时,其繁殖受到影响,因此饲料贮存前,仓库内壁、夹缝及死角应彻底清除,并在 30℃左右温度下熏蒸磷化氢,使虫卵和老鼠均被毒死。

(4)霉害　霉菌生长的适宜温度为 5℃～35℃,尤其在 20℃～30℃时生长最旺盛。防止饲料霉变的根本办法是降低饲料含水量或隔绝氧气,必须使含水量降到 13%以下,以免发霉。

67. 常用的饼(粕)类蛋白质饲料有哪些? 怎样使用?

蛋白质饲料指干物质中粗纤维含量低于 18%,粗蛋白质含量高于 20% 的饲料。饼(粕)类饲料属于蛋白质饲料中的一类,它是榨油业的副产品。豆类子实或油料子实用压榨法榨油后的副产品叫"饼",用溶剂浸提后的副产品叫"粕"。常见的饼(粕)类有大豆饼(粕)、花生饼(粕)、棉籽饼(粕)、菜籽饼(粕)、胡麻饼(粕)、向日葵饼(粕)、芝麻饼(粕)等。

(1)大豆饼(粕) 大豆饼(粕)有黄豆饼(粕)、黑豆饼(粕)两种,一般粗蛋白质含量为 40%～50%,含代谢能 13 765 千焦。大豆饼(粕)的适口性好,营养成分较全面,具有良好的生产效果,但蛋白质瘤胃降解率较高,生大豆饼(粕)中的胰蛋白酶抑制因子会影响消化,即使熟大豆饼(粕)贮存时间较长时也会复活,另外,大豆饼(粕)成本较高,使其在奶牛业中的应用受到一定限制。

(2)花生饼(粕) 花生饼(粕)有带壳的和脱壳的两种。脱壳花生饼(粕)粗蛋白质含量高,但降解蛋白比例较大。营养价值与大豆饼(粕)相似,但因含有胰蛋白酶抑制因子,且含赖氨酸和蛋氨酸略少,磷的含量比大豆饼(粕)少。花生饼(粕)略有甜味,适口性好,在饼(粕)类饲料中质量较好。

(3)棉籽饼(粕) 粗蛋白质含量仅次于大豆饼(粕);含钙少,缺乏维生素 A、维生素 D。因此,棉籽饼(粕)的营养价值低于大豆饼(粕),但高于禾谷类饲料。棉籽饼(粕)中含有棉酚,对瘤胃功能健全的成年牛影响小,只要维生素 A 不缺乏,不会产生中毒,但瘤胃尚未发育完善的犊牛,则极易引起中毒,因此,喂犊牛要去毒,或控制喂量。棉籽饼(粕)去毒的方法很多,如用清水泡、碱水泡(1%~2%)或煮沸等,其中以煮沸去毒的效果最好。饲喂棉籽饼(粕)时,加喂青干草、补充足量的维生素A和矿物质饲料效果更好。

(4)菜籽饼(粕)　菜籽饼(粕)的营养价值不如大豆饼(粕),含粗蛋白质34%~38%,可消化蛋白质为27.8%,蛋白质中非降解蛋白比例较高。因为菜籽饼(粕)含有配糖体——芥子素等(硫代葡萄糖苷、芥子碱、植酸),如用温水浸泡,由于酶的作用生成芥籽油等毒素,味苦而辣,不仅口味不良,对牛的消化器官有刺激作用,能使肠道和肾脏发生炎症。所以,初喂时可与适口性好的饲料混合饲喂,而且喂量宜少不宜多。喂用前,可采用坑埋法脱去菜籽饼(粕)中的毒素。

(5)胡麻饼(粕)即亚麻籽饼(粕)　粗蛋白质含量与棉籽饼、菜籽饼相似,一般为32%~36%。粗纤维含量较高,为8%~10%。胡麻饼(粕)中的胡萝卜素、维生素D和维生素E含量少,但B族维生素含量丰富。矿物质中钙、磷含量均较高,微量元素硒的含量高,为0.18毫克/千克左右,是优良的天然硒源之一。胡麻饼(粕)中主要含有生氰糖苷,可引起氢氰酸中毒。胡麻饼(粕)是奶牛良好的蛋白质来源,适口性好,由于含有黏性胶质,具有润肠通便的效果,可当做抗便秘剂,在多汁性原料或粗饲料供应不足时,使用可不必担心胃肠功能失调问题。

(6)向日葵饼(粕)　粗蛋白质含量一般为28%~32%。我国目前生产的向日葵饼(粕),由于脱壳不净,其粗纤维的含量有的高达20%左右,含壳量严重降低其能量值。向日葵粕的粗脂肪含量随榨油方式的不同变化较大,压榨饼的残留脂肪可达6%~7%,其中脂肪酸的50%~75%属于亚油酸。向日葵饼(粕)适口性好,是良好的蛋白质原料。脱壳者效果与大豆饼(粕)不相上下。

(7)芝麻饼(粕) 粗蛋白质含量高达 40％以上,粗纤维含量在 7％以下。胡萝卜素、维生素 D 及维生素 E 含量低,但钙、磷、锌含量均高。可作为奶牛的良好蛋白质来源使用,使被毛光泽良好。

68. 常用糟渣类饲料的营养特性有哪些?

糟渣类饲料是酿造、制糖及淀粉加工的副产品,其营养特点是新鲜时水分含量高,为 70％~90％,蛋白质含量高,一般为 25％~33％,体积大,适口性好,含有丰富的 B 族维生素和一些刺激生长的未知因子,糟渣类饲料因其含水量高,易于腐败变质,过量饲喂易腹泻,有些过量饲喂还可能造成中毒。

这类饲料主要包括啤酒糟、白酒糟、醋糟、酱油渣、豆腐渣、甜菜渣等。啤酒糟是奶牛的好饲料,蛋白质含量为 25％左右,日喂量在 10~15 千克。白酒糟蛋白质含量为 19％~30％,因其中混有残留酒精,常引起母牛流产、死胎,一般牛视力下降甚至失明,并波及胎儿,多用于肉牛,奶牛一般不用。酱油渣的蛋白质含量为 30％左右,粗纤维高,能量低,钙少磷多,食盐含量高达 7％,应限量饲喂。豆腐渣干物质中粗蛋白质含量丰富,适口性好,奶牛较喜欢吃,但由于易酸败,最好鲜喂,日喂量为 2.5~5 千克,过量易引起奶牛腹泻,最好熟喂,生喂使饲料消化率下降。醋渣体积大,酸度高,粗纤维含量高,可限量饲喂。玉米淀粉渣过量饲喂易造成奶牛发生臌胀病和酸中毒,泌乳牛日喂量为 10~15 千克;在鲜喂糟渣类饲料时,可以在日粮中添加一些小苏打,泌乳牛每头每天可添加 150~200克。糟渣类最大喂量不应超过日采食干物质的 20％。

由于糟渣类饲料的加工原料和加工方法不同,使用时可先少量试喂一段时间，观察无异常表现后再正式使用。

69. 粮食加工副产品的营养特性有哪些?

稻谷的加工副产品为稻糠，稻糠可分为砻糠、米糠和统糠。砻糠是粉碎的稻壳；米糠是糙米精制成大米时的副产品，由种皮、糊粉层、胚及少量的胚肉组成；统糠是米糠与砻糠的混合物。一般每100千克稻谷加工后，可出大米72千克、砻糠22千克和米糠6千克。我国米糠年产量达150万～250万吨，其中有30％榨油后为脱脂米糠。米糠用作牛饲料，适口性好，能值高，在肉牛精料中可用至20％。喂量过多会影响牛肉品质，使体脂变黄，尤其是酸败的米糠还会引起适口性降低和导致腹泻。

小麦麸俗称麸皮，是小麦加工面粉的副产品，由种皮、糊粉层和一部分胚及少量的胚肉组成。根据小麦加工工艺不同，小麦麸的营养质量差别很大。"先出麸"工艺是：麦子剥三层皮，头碾麸皮、二碾麸皮是种皮，其营养价值与秸秆相同，三碾麸皮含胚，营养价值高，这种工艺的麸皮是头碾麸皮、二碾麸皮和三碾麸皮及提取胚后的残渣的混合物，其营养远不及传统的"后出麸"工艺麸皮。小麦麸容积大，纤维含量高，适口性好，是肉牛优良的饲料原料。根据小麦麸的加工工艺及质量，肉牛精料中可用到30％，但用量太高反而失去效果。

砻糠是稻谷加工糙米时脱下的谷壳（颖壳）粉，是稻谷中最粗硬的部分，粗纤维含量达46％，属于品质差的粗饲料，无饲用价值。有机物质的消化率仅为16.5％，仅高于木屑，按消化率折算，20千克砻糠才抵得上0.9千克米糠。灰分含量很高，达21％，但大部分是硅酸盐，严重地影响钙、磷的吸收利用。统糠有两种，一种是稻谷一次加工成白米分离出的糠，这种糠占稻谷的 25%～30%,其营养价值介于砻糠与米糠之间,粗纤维含量较高,达 28.7%～37.6%。另一种是将加工分离出的米糠与砻糠人为混合而成,根据混合比例不同,可分为一九统糠、二八统糠、三七统糠等。砻糠的比例愈高,营养价值愈差。

大麦麸是加工大麦时的副产品,分为粗麸、细麸及混合麸。粗麸多为碎大麦壳,因而粗纤维高。细麸的能量、蛋白质及粗纤维含量皆优于小麦麸。混合麸是粗细麸混合物,营养价值也居于两者之间。可用于肉牛,在不影响热能需要时可尽量使用,对改善肉质有益,但生长期肉牛仅可使用 10%～20%,太多会影响生长。

玉米糠是玉米制粉过程中的副产品之一,主要包括种皮、胚和少量胚肉。可作为肉牛的良好饲料。玉米品质对成品品质影响很大,尤其含黄曲霉毒素高的玉米,玉米糠中毒素的含量约为原料玉米的 3 倍之多,这一点应加以注意。

高粱糠是加工高粱的副产品,其消化能和代谢能都比小麦麸高,但因其中含有较多的单宁,适口性差,易引起便秘,故喂量应控制。在高粱糠中,若添加 5%的豆饼,再与青饲料搭配喂牛,则其饲用价值将得到明显提高。

谷糠是谷子加工小米的副产品,其营养价值随加工程度而异,粗加工时,除产生种皮和秕谷外,还有许多颖壳,这种粗糠粗纤维含量很高,可达 23%以上,而蛋白质只有 7%左右,其营养价值接近粗饲料。

70. 块根块茎类饲料的营养特性有哪些?

块根、块茎类饲料主要有甘薯、马铃薯、胡萝卜、木薯、饲用甜菜、甘蓝、菊芋及南瓜等。从营养成分看,这类饲料水分含量达到 70%～90%,干物质中主要是无氮浸出物,且多为易消化的淀粉或糖分,能值也较高,而粗蛋白质、粗脂肪、粗纤维、粗灰分等较少。

这类饲料具有很好或较好的适口性,新鲜饲喂时宜切块,避免引起食管梗阻。在国外,这类饲料有不少被干制成粉后用作饲料原料。

71. 怎样使用尿素等非蛋白质含氮物饲料?

非蛋白质含氮物(NPN)是指供饲料用的尿素、双缩脲、氨、铵盐及其他合成的简单含氮化合物。这类物质不能提供能量,只是提供给瘤胃微生物合成蛋白质所需的氮源,起补充蛋白质的作用。这些化合物含氮量高(表 5-10),可人工合成,成本低,所以逐渐应用于生产中,但应合理使用,否则会得不偿失。

表 5-10　常用的非蛋白质含氮物　(%)

名　称	含氮量	蛋白质当量
醋(乙)酸铵	18	112
碳酸氢铵	18	112
氨基甲酸铵	36	225
乳酸铵	13	81
尿　素	46.7	292
饲料尿素	42～45	262～281
双缩脲	35	219
异丁基二脲	32	200
硫酸铵	21	133
磷酸铵	28	176

硝酸铵及其他硝酸盐在瘤胃中能转化为亚硝酸盐而使牛中毒,所以不可用作非蛋白质含氮物饲料。非蛋白质含氮物饲料的使用效果受到下列因素影响。

日粮中蛋白质水平及蛋白质的化学特性。通常定时上槽、日喂2～3次时,当日粮中蛋白质水平较低(含粗蛋白质9％～12％),尿素可较好地转化为菌体蛋白;当日粮中蛋白质水平超过12％时,添加尿素,瘤胃微生物来不及将氨转化为菌体蛋白就被瘤胃上皮吸收而进入血液,再到肝脏合成尿素,随尿排出,造成浪费。当血液中氨的浓度超过肝脏合成尿素的极限时,就会造成氨中毒,严重时还会造成牛死亡。日喂次数增加和采取自由采食则日粮粗蛋白质在16％以下添加非蛋白质含氮物均有效,但只能添加到使日粮蛋白质达到16％为止。

碳水化合物的种类。碳水化合物是瘤胃微生物利用氨合成菌体蛋白的能源。碳水化合物在瘤胃中被分解为单糖后,再与氨有机地合成菌体蛋白。碳水化合物的种类可影响分解为单糖的速度,其中纤维素分解为单糖的速度过慢,单糖分解得过快,淀粉(尤其是熟淀粉)的效果最好。所以,生产中以低质粗饲料为主的条件下,补充适量的高淀粉精料可提高对尿素的利用效果,即日粮在添加非蛋白含氮物后能氮平衡达到零。

矿物质硫的含量。硫是合成含硫氨基酸(蛋氨酸、胱氨酸)的重要原料。日粮中缺硫,微生物就不能合成含硫氨基酸,使微生物的生长和繁殖受到影响,间接影响尿素的利用效果。

将尿素粉碎成粉末状,与精饲料均匀混合后饲喂,现拌现喂,用量不能超过日粮干物质的1％。饲喂尿素时,最少应经过 10 天适应期。分数次均匀投喂。喂完尿素后不能立即让牛饮水,至少间隔 1 小时后再饮。禁止将尿素加入饮水中喂饮。

除拌入精料中饲喂尿素外,还可制作尿素青贮、尿素舔砖、尿素颗粒饲料和糊化淀粉尿素,提高使用效果。如目前商品"微多蛋白"就是双缩脲与微量元素、维生素 A 的混合物,"牛羊蛋白精"是加有微量元素的糊化淀粉尿素。

应用非蛋白含氮物有可能引起氨中毒。不同种类的非蛋白质含氮物,在不同的饲喂条件下,引起中毒的剂量很不一致。氨中毒的症状是:瘤胃迟缓,反刍减少或停止,流涎,采食量减少或拒食,外表兴奋不安,肌肉颤抖,抽搐,最后死亡。中毒最易发生在采食尿素后 15～40 分钟,出现类似上述症状时,应马上停喂非蛋白质含氮物,并立即灌服食醋 2～3 千克,必要时请兽医处理。

72. 奶牛日粮配合的原则是什么?

(1)适宜的饲养标准 畜牧业发达国家都有自己的饲养标准,虽然每个国家只有 1 个,但却是不断补充和修改的,因此要紧跟形势;我国《奶牛营养需要和饲养标准》是针对我国具体奶牛生产实际、参考国内外资料、特别是综合许多科研成果得出的,针对性强;另外,牛的生理状况也在不断变化,如奶牛的产奶量和体重也在不断变化,必须使两者非常接近,应尽量满足奶牛的营养需要。

(2)适当的精粗料比例 根据牛的消化生理特点,适宜的粗饲料对奶牛健康十分必要,以干物质为基础,日粮中粗饲料比例一般在 40%～60%,奶牛在泌乳早期的短时间内精料补充料可高达 70%。

(3)日粮组成多样化 日粮组成多样化的优点不仅在于

营养物质的互补、适口性提高,更重要的在于成本的下降,极大地降低饲料原料价格波动的风险。

多样化不仅要体现在精料补充料上,粗饲料也尽可能做到多样化。

(4)充分利用当地饲料资源 当地饲料价格低、供求关系相对稳定,新鲜,对质量容易把握。饲料种类应多样化,饲料应新鲜、无污染,对畜产品质量无影响。

(5)日粮应有一定的体积和干物质含量 日粮数量要使牛吃得下、吃得饱并且能满足营养需要。

(6)适口性和消化性要好 日粮适口性好,其采食量就大。日粮组成多样化可提高适口性,对日粮进行加工调制,不仅可提高适口性,也提高了消化率。如果饲料易消化,牛不仅能多采食,而且单位日粮的消化率也提高,所以日粮应选择易消化、易发酵的饲料组成。

(7)考虑原料的经济性和安全性 降低日粮的成本。

73. 怎样配制奶牛日粮?

奶牛精料补充料配合的方法较多,常见的有对角线法、试差法、联立方程法等,现在最普遍的是用计算机进行。

对角线法是最常用的方法之一,下面举例说明。

体重为 600 千克、日产奶 20 千克、乳脂率为 3.5% 的奶牛配制日粮。该场以玉米青贮和苜蓿干草作粗饲料,用玉米、小麦麸、豆饼、棉籽饼和预混料为精料补充料原料。

第一步:根据奶牛的饲养标准,计算或查出各种营养物质需求。由于乳脂率不是 4%,先算出标准奶的产量(详见题 "30. 奶牛对能量的需要怎样计算"一问),标准奶的产量= $20 \times (0.4 + 0.15 \times 3.5) = 18.5$ 千克,该奶牛的营养需要见表

5-11。

表 5-11　该牛的营养需要

干物质 （千克）	产奶净能 （兆焦）	粗蛋白质 （克）	可消化粗 蛋白质（克）	钙 （克）	磷 （克）
14.92～15.72	101.70	2130.16	1424	120	83

为方便计算，干物质采食量以 15.72 千克计算，以粗蛋白质为蛋白质需要量计算，则每千克干物质中应含粗蛋白质为 2 130.16÷15.72＝135.51 克，含产奶净能 101.70÷15.72＝6.47 兆焦。

第二步：根据饲料成分及营养价值表列出所采用的多种饲草料的营养价值（表 5-12）。

表 5-12　常用饲料原料的营养价值表　（原样中）

饲　料	干物质 （%）	产奶净能 （兆焦/克）	粗蛋白质 （%）	可消化粗蛋白 质（克/千克）	钙 （%）	磷 （%）
玉　米	88.4	7.15	8.6	56	0.08	0.21
麸　皮	88.6	5.99	14.4	86	0.18	0.78
棉籽饼	89.6	7.34	32.5	211	0.27	0.81
豆　饼	90.6	8.28	43.0	280	0.58	0.77
玉米青贮	22.7	1.13	1.6	10	0.10	0.06
苜蓿干草	88.7	3.99	11.6	70	1.40	0.44
磷酸氢钙	90.0				23.20	18.60
石　粉	92.1				33.98	0

第三步:根据各种饲料用量的上限,参考饲料原料价格,结合经验,初步拟定出精饲料与粗饲料之比。

本例以日喂苜蓿干草 4 千克、剩余为青贮作为粗饲料,考虑到该牛产奶量属于中上等,日粮中精、粗饲料比先按 50：50 计算(以干物质计算,精料补充料和粗饲料各占 50%,本例中精料补充料和粗饲料各为 7.86 千克),按日采食 15.72 千克计算,则日喂青贮饲料为 19 千克。这种混合粗饲料的粗蛋白质和产奶净能以干物质计算时,分别为 9.75% 和 4.78 兆焦/千克。精料补充料由于饲料原料种类多,需先拟定一个配方,虚拟配方为:玉米 57%,麸皮 10%,棉籽饼 15%,豆饼 18%(表 5-13)。

表 5-13　虚拟配方的营养水平

项　目	比　例 (%)	干物质 (千克)	产奶净能 (兆焦/千克)	粗蛋白质 (克)	钙 (克)	磷 (克)
玉　米	57	0.504	4.076	49.02	0.456	1.197
麸　皮	10	0.089	0.599	14.40	0.180	0.780
棉籽饼	15	0.134	1.101	48.75	0.405	1.215
豆　饼	18	0.163	1.490	77.40	1.044	1.386
合　计	100	0.890	7.266	189.57	2.085	4.578

虚拟配方的浓度(以干物质计)为:粗蛋白质 = 189.57 ÷ 0.890 = 213.00 克/千克,产奶净能 = 7.266 ÷ 0.890 = 8.16 兆焦/千克。

用对角线法计算:

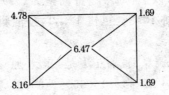

日粮中的精料所占比例为：$1.69 \div (1.69 + 1.69) \times 100\%$ $= 50\%$。

根据精粗比，测算粗蛋白质的浓度，由于精料补充料配方中一般预留出食盐 1%、预混料 2% 和其他 2% 的比例，因此整个日粮中的蛋白质的浓度为：$50\% \times 213.00 \times 95\% +$ $50\% \times 97.5 = 149.925$，根据该奶牛营养需要，每千克干物质中应含粗蛋白质为 135.51 克，与需要的量不吻合。精料补充料中的蛋白质浓度应为：$(135.51 - 50\% \times 97.5) \div$ $50\% = 173.52$，拟定的配方的粗蛋白质为 $213.00 \times 95\% =$ 202.350，需要用其他蛋白质含量低的饲料稀释，这里用玉米，每千克玉米的粗蛋白质为 $97.29 (86 \div 88.4\%)$ 克。

用对角线法计算：

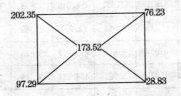

为了达到上述的蛋白质含量，须用原配方的 72.56% 和 27.44% 玉米组成新配方。

这里的 72.56% 的计算方法是 $76.23 \div (76.23 + 28.83) \times$ 100%，同理推算出玉米为 27.44%。

这样新配方（以干物质计）将调整为（％）：玉米 65.36，麸皮 6.89，棉籽饼 10.34，豆饼 12.41，预混料 2，食盐 1，其他 2。

上述配方的调整计算方法是：玉米原来比例为 57，$(57\% \times 72.56\% + 27.44\%) \times 95\% = 65.35$，麸皮原来比例为 10，$(10\% \times 72.56\%) \times 95\% = 6.89$，同理，棉籽饼 10.34，豆饼 12.41，再加上预混料 2，食盐 1，其他 2（磷酸氢钙 1.7，石粉 0.3）。

因为粗饲料和精料补充料的比例各为 50％，青贮饲料自然状态下为 19 千克，苜蓿干草 4 千克，精料干物质 $15.72 \times 50\% = 7.86$ 千克，按照精料补充料上述调整后的比例，日粮的营养含量见表 5-14。

表 5-14　日粮营养水平的检查　（％）

项　目	干物质	风干物	产奶净能（兆焦）	粗蛋白质	钙	磷	配比（％）
青　贮	4.313	19.00	21.479	301.910	18.977	11.214	
苜蓿干草	3.548	4.00	16.072	464.788	49.672	15.611	
玉　米	5.137	5.811	41.612	498.318	4.624	12.330	65.91
麸　皮	0.542	0.611	3.688	88.273	1.083	4.712	6.93
棉籽饼	0.813	0.907	6.648	295.019	2.438	7.315	10.29
豆　饼	0.975	1.077	8.925	463.327	3.414	5.365	12.21
石　粉	0.024	0.026	0	0	8.012	0	0.29
食　盐	0.079	0.079	0	0	0	0	0.89
预混料	0.142	0.157	0	0	0	0	1.80
磷酸氢钙	0.134	0.148	0	0	31.000	24.853	1.68

项　目	干物质	风干物	产奶净能 (兆焦)	粗蛋白质	钙	磷	配比(%)
合　计	15.705	8.816	98.424	2110.760	119.220	81.399	100
营养标准	15.720		101.70	2130.16	120	83	
与标准相差	−0.015		−3.276	−19.4	−0.78	−1.601	
相当于标准 %	99.90		96.78	99.10	99.35	98.07	

第四步:以风干物计算配方:玉米 65.91%,麸皮 6.93%,棉籽饼 10.29%,豆饼 12.21%,石粉 0.29%,食盐 0.89%,预混料 1.8%,磷酸氢钙 1.68%(见表 5-14 最右列)。

从表 5-14 看出,日粮能量稍显缺乏,在实际应用中,应注意让奶牛自由采食粗料,以便补充产奶净能不足。

六、奶牛的饲养管理

74. 奶牛的采食量怎样确定?

奶牛的采食量以干物质计算。《奶牛营养需要和饲养标准》中估计干物质采食量为:

当精粗比为 60∶40 时,采食量=0.062×体重$^{0.75}$＋0.4×FCM(标准乳)

当精粗比为 50∶50 时,采食量=0.062×体重$^{0.75}$＋0.45×FCM

FCM＝M(0.4＋0.15×F)

例如:某牛年产奶量为 6 000 千克,乳脂率为 3.4%,则折合为 FCM 的量为 FCM＝M(0.4＋0.15×F)＝6 000(0.4＋0.15×3.4)＝5 460 千克

母牛体重一般为 550～700 千克。

如果以体重计算,一般须达到其体重的 2%～3%,高产奶牛最大干物质采食量可达体重的 3.8%～4.5%,特殊的可达到 5%～6%。但是,有许多因素会影响采食量。

不同季节、牛的生理状况等会影响采食量;饲料的种类、适口性、加工程度、日粮的精粗比、日粮中的蛋白质含量、脂肪含量、水分含量、饲料的 pH 及消化性均影响采食量;饲喂制度(自由采食或定时采食、饲喂的总有效时间、定时饲喂、是否固定饲喂程序)影响采食量;饮水是否充足也影响采食量。

75. 奶牛日喂精料量怎样确定和计算？

奶牛日喂精料量根据奶牛体重、生产性能高低、生理状态的不同而变化。

维持日精料量：一般为 2～3 千克。

泌乳的精料量：日泌乳量少于 25 千克以下时，按每 3 千克产奶量加喂 1 千克精料，超过 25 千克以上部分按每 2.5 千克产奶量加喂 1 千克精料。

妊娠后期精料量：产前 2 周左右开始，在维持基础上，每日增加 0.2～0.4 千克精料，使产前 1 天达到 6～9 千克喂量。

泌乳期间体重变化：体重增加 1 千克，增喂 2～2.2 千克精料。

76. 怎样判断奶牛采食量是否满足？

在饲喂奶牛的日粮中，一般精料的量是固定的，粗饲料实行自由采食的原则，但是在很多情况下，奶牛场没有做到自由采食粗饲料，如何判断奶牛是否自由采食粗饲料？一般有下列行为之一都被认为采食量没有得到满足。

上槽时争先恐后，时间很短；上槽过程中母牛见到饲养员后发出特有的哞叫；下槽时母牛恋槽而不舍得离开；下槽时饲槽里粗饲料所剩无几，或仅有茎秆或结节；奶牛左肷部干瘪不饱满。

77. 奶牛的需水量多大？怎样解决奶牛的饮水问题？

奶牛的饮水量受干物质采食量、气候条件、日粮组成、水的质量和牛的生理状况的影响。

奶牛每天需要的水量主要包括两部分:消化采食而来的日粮,一般为干物质采食量的 3～5 倍;泌乳所需要,一般为原乳量(母牛产的奶,没有折合为标准乳)的 90% 左右。此外,夏季天气炎热时,母牛为消暑降温也会加大饮水量,这部分相对较难估计。

瘤胃对日粮养分的消化起着重要作用,瘤胃主要是靠瘤胃微生物分泌的特有酶对相应的底物消化,由于酶对温度、酸度等非常敏感,如果奶牛采用定时供水方式,一次大量饮低于体温的水,会使瘤胃温度骤然下降,影响酶的活性使消化率下降。所以,解决奶牛的饮水问题最好是自由饮水,并保证冬季饮水不结冰,采用定时供水方式则须保证冬季水温在 15℃ 以上。

北方冬季可以在水槽底部用火炉加热,或者在水槽底部布可加热电线(模仿鱼塘加热模式),解决饮水问题。

78. 奶牛日粮的饲喂顺序是什么? 确定的原则是什么?

日粮的饲喂顺序:一般先添加极少量粗饲料引槽(从运动场引奶牛上槽),接着喂精料(精料的量固定),再喂副料(酒糟、豆腐渣、甜菜渣等)、最后喂粗饲料。如果先喂粗饲料,精料有可能吃不完,使采食的实际营养低于预先设计的标准。经观察,先粗后精的饲喂顺序,可使牛采食的干物质比先精后粗的少。饲喂顺序一经确立,不要随意更改。

日粮的饲喂顺序确定的原则是增加采食量,同时缩短采食时间。

79. 犊牛的消化特点是什么？

初生犊牛的前胃（即瘤胃、网胃和瓣胃）体积很小，没有任何消化功能，而皱胃体积较大，约占四个胃总容积的 70%，因此皱胃是犊牛的主要消化器官。初生犊牛完全以牛奶为饲料，在哺乳时由于神经反射作用，可以使食管沟完全闭合，形成管状结构，不经过瘤胃和网胃，直接进入皱胃被消化。当每次哺乳量超过皱胃容积时，会影响对牛奶的消化，或者饮奶过急时，牛奶会掉入瘤胃，在其中发酵腐败，引起腹泻。

犊牛消化道内的酶的活性也呈现规律性变化。牛奶进入皱胃时，首先被凝乳酶进行消化，但随着犊牛的生长，凝乳酶逐渐被胃蛋白酶所代替。初生犊牛肠道内存在足够的乳糖酶，能很好地利用乳中的乳糖，但随着犊牛日龄增长逐渐降低。初生犊牛淀粉酶和麦芽糖酶缺乏，几乎没有蔗糖酶，胰脂肪酶活力很低，胰脂肪酶在 8 日龄时即达到很高水平，7 周龄时麦芽糖酶活性逐渐显现，蔗糖酶活性提高很慢。这是犊牛早期不能利用淀粉和蔗糖的原因，否则也能引起腹泻。

在不进行开食调教前提下，犊牛一般在 3 周龄或更早便开始咀嚼谷物或粗饲料等，随之瘤胃微生物群在瘤胃内定殖，9～13 周龄时，菌群基本上与成年牛相同，菌数也接近，同时瘤胃内原生动物也开始定殖。开始采食固体饲料后便出现反刍。随着反刍，瘤胃内壁的乳头状突起也逐渐发育；此时，无论瘤胃体积和功能都处于较快的发育期，到 3 月龄时，犊牛四个胃的体积比例接近成年牛，5 月龄时，前胃发育基本成熟。

80. 初生犊牛怎样护理?

犊牛由母体产出后应立即做好如下工作:即消除犊牛口腔和鼻孔内的黏液,剪断脐带,擦干被毛,饲喂初乳。

(1)清除口腔和鼻孔内的黏液 犊牛自母体产出后应立即清除其口腔及鼻孔内的黏液,以免妨碍犊牛的正常呼吸和将黏液吸入气管及肺内。如犊牛产出时已将黏液吸入而造成呼吸困难时,可两人合作,握住两后肢,倒提犊牛,拍打其背部,使黏液排出。如犊牛产出时已无呼吸,但尚有心跳,可在清除其口腔及鼻孔黏液后将犊牛在地面摆成仰卧姿势,头侧转,按每6～8秒1次按压与放松犊牛胸部进行人工呼吸,直至犊牛能自主呼吸为止。

(2)断脐 在清除犊牛口腔及鼻孔黏液以后,如其脐带尚未自然扯断,应进行人工断脐。方法是在距离犊牛腹部8～10厘米处,两手卡紧脐带,向犊牛脐部顺捋几下,然后在距犊牛腹部10厘米左右处用消过毒的剪刀将脐带剪断,挤出脐带中黏液,并将脐带的断端放入5%碘酊中浸泡1～2分钟。

(3)擦干被毛 断脐后,应尽快擦干犊牛身上的被毛,以免犊牛受凉,尤其在冬季环境温度较低时,更应如此。也可让母牛舔干犊牛身上的被毛,其优点是刺激犊牛呼吸,加强血液循环,羊水中的催产素能促进母牛子宫收缩,促使母牛及早排出胎衣和恶露,缺点是因为母牛舔犊情深,会造成母牛恋仔,导致挤奶困难。

(4)喂初乳 初乳是母牛产犊后5天内所分泌的乳,根据规定的时间和喂量正确饲喂初乳,对保证新生犊牛的健康是非常重要的。

81. 为什么新生犊牛要早喂其母亲的初乳？

初乳是母牛产犊后 5 天内所分泌的乳,初乳中含有大量的免疫球蛋白,是常乳的十几倍(表 6-1)。免疫球蛋白是母牛体内的 B 淋巴细胞受到周围环境中的抗原刺激后,增殖为浆细胞,浆细胞产生特定的免疫球蛋白(抗体),免疫球蛋白不能通过胎盘传给犊牛,只有通过血液进入初乳中,因此吃初乳是获得免疫球蛋白的唯一途径。免疫球蛋白被犊牛吸收后分布于体液内,当犊牛受到与原来一样的特异抗原入侵时,便发生抗原抗体反应,消灭进入体内的异己抗原物质,直到犊牛产生自己的抗体为止。因为母牛与犊牛所处的环境(同一牛场)和遗传素质十分相似,所以这种免疫球蛋白具有针对性,这是吃母亲初乳的原因。

表 6-1 初乳与常乳营养含量的比较

项　目	初　乳	常　乳	初乳/常乳
干物质(%)	22.6	12.4	182
脂肪(%)	3.6	3.6	100
蛋白质(%)	14.0	3.5	400
球蛋白(%)	6.8	0.5	1360
乳糖(%)	3.0	4.5	66.7
胡萝卜素(毫克/千克)	900～1620	72～144	1200
维生素 A(单位/千克)	5040～5760	648～720	800
维生素 D(单位/千克)	32.4～64.8	10.8～21.6	300
维生素 E(微克/千克)	3600～5400	504～756	700

项 目	初 乳	常 乳	初乳/常乳
钙(克/千克)	2～8	1～8	156
磷(克/千克)	4.0	2.0	200
镁(克/千克)	40.0	10.0	400
酸度(^{6}T)	48.4	20.0	242

新生犊牛只有获得免疫球蛋白,才有免疫力。早喂初乳原因之一是由于初生犊牛的小肠具有直接吸收免疫球蛋白的能力,不过这种能力随时间推移逐渐降低,于产后 24～36 小时内消失;之二是随着时间的推迟,初乳的成分会发生向常乳较快的转变过程,即奶中的免疫球蛋白的含量较快的下降。一般初生犊牛应该在生后 0.5～1 小时内吃上其母亲的初乳,而且越早越好。

82. 犊牛哺乳方法有哪些?

(1)随母哺乳 犊牛从出生后 20～30 分钟寻找母牛哺奶,一直到断奶。优点在于省工,饲养管理上方便。由于可以随时哺乳,哺乳次数多,从生理上讲符合犊牛胃小、消化力弱的特点,经常和母牛的接触,还导致其反刍也较早,也避免了奶温不适、奶具不洁等使犊牛生病的可能,其缺点为:母乳少或母性差的母牛,其犊牛发育不良,断奶体重差别大;对于一些传染性疾病(如结核病、布氏杆菌病等)难于控制;无法统计母牛产奶量、乳脂率、犊牛哺乳量等。

(2)人工哺乳 母牛分娩后即将母仔分开,人工饲喂犊牛,直到断奶,这种方法的优点是可控制哺乳量,使犊牛基本上按计划增重,还可用代乳品、脱脂乳代替全乳,人、畜经常接触也便于管理,避免相互传染疾病等,缺点是费工。因为必须训练喂奶,在用桶喂奶时大口哺乳,对消化不利,日喂次数有限,因此每次喂量大,易引起消化道疾病。

(3)综合哺乳 综合哺乳是综合随母哺乳与人工哺乳的方法,先随母哺乳,边哺乳边挤奶,待犊牛过 2~3 日龄时,再改为人工哺乳。其优点是很好地利用了初乳,使犊牛较安全地度过初乳阶段。缺点是影响了母牛泌乳潜力的发挥,还使训练犊牛人工哺乳的困难加大和饮奶过量。

83. 为什么对犊牛进行开食调教与瘤胃微生物接种? 怎样进行?

对犊牛进行开食调教就是调教犊牛第一次采食饲草或饲料。在此之前,初生犊牛一直依赖液体饲料——牛奶,牛奶是通过食管沟直接进入皱胃的,靠皱胃消化,固体的、植物性饲料不能直接进入皱胃,而首先留在瘤胃内发酵,因而可促使瘤胃迅速发育。因而由液体饲料向固体的、植物性饲料过渡,是实现瘤胃逐渐发育、瘤胃微生物区系定位和功能逐渐完善的前提,也是实现犊牛由反刍前动物向反刍动物转变的必然过程。通过调教,不仅可以缩短学习开食的时间,而且能提前采食,即在初乳期刚过就可以实施,这样可以缩短犊牛的哺乳期和减少哺乳量,降低培育成本,更重要的是促进了瘤胃的发育,为以后生产性能的提高奠定了基础,也充分挖掘了犊牛迅速生长的潜力。

牛的瘤胃通过选择附着在固体的、植物性饲草或饲料上的微生物,使之逐渐适应瘤胃环境演变成瘤胃微生物,自然状态下这一过程相对漫长。接种成年母牛瘤胃微生物可以大大缩短这一过程,迅速提高其消化能力和减少消化道疾病的发生。

进行开食调教与瘤胃微生物接种同时为早期断奶奠定了坚实的基础。

从犊牛出生后 7~10 天进行开食调教。调教方法是喂奶后在犊牛槽中加入少量犊牛料,下次喂奶之前把剩余的犊牛料清除。当犊牛连续 3 天日采食 1 千克犊牛料以上就具备了断奶的生理基础。

接种瘤胃微生物,即待母牛反刍时,从母牛口中掏出一小把反刍物,塞到 10~15 日龄犊牛的口中即可。这样,可促进犊牛瘤胃发育,提高其对精、粗饲料的消化能力,减少腹泻的发生。

84. 怎样确定犊牛的哺乳期和哺乳量?

犊牛的哺乳期和哺乳量密切相关,它在很大程度上决定了犊牛的培育成本和成活率,同时对犊牛以后的生产性能也产生潜在的影响。我国现阶段条件下,哺乳期一般为 45~100 天,绝大部分为 60~90 天,哺乳量一般为 210~360 千克。哺乳期越长,则哺乳量一般也多;反之,则少。

决定哺乳期和哺乳量的条件有:是否使用了专用的开食料或犊牛料;对犊牛的饲养管理是否很精细(如及时发现病情和诊治水平);犊牛建筑设施是否能做到防寒避暑及其程度;优质干草的供给情况等(表 6-2)。

表 6-2 犊牛哺乳方案 （单位：千克）

犊牛日龄	日喂奶量（方案一）	日喂奶量（方案二）	日喂奶量（方案三）	日喂次数	犊牛料量	干草等
1～7	4.0	5.0	5.0	3～4		
8～20	6.5	6.5	6.0	2～3	不限量	
21～30	6.0	5.8	5.5	2～3	0.2～0.3	不限量
31～40	5.0	5.8	4.5	2	0.3～0.5	不限量
41～50	4.0	4.5	3.0	2	0.6～0.8	不限量
51～60	3.0	3.6	2.0	2	0.7～1.0	不限量
61～90	2.0	2.0		1		
合 计	352.5	376.5	263.0		18.0～26.0	

85. 怎样科学地给犊牛喂奶？

第一，犊牛在哺乳期，特别是在出生后 1 个月内，由于饲养管理不当，很容易发生消化器官疾病，所以在哺乳方案基础上，应根据犊牛体重、健康、食欲和粪便状态来调整喂奶量以及对水量等，以调整犊牛的消化状况。

第二，奶的卫生。喂犊牛的奶应清洁而新鲜，喂混合乳应加温至 90℃ 消毒，凉至适温后再喂。

第三，奶温。奶温应控制在 35℃～38℃，初乳直接加热或水浴到该温度，混合乳或患有隐性乳房炎的奶等则须蒸煮消毒后，冷却至该温度。

第四，喂奶速度。喂奶要慢，最好用奶壶喂。由于吮吸速度较慢，乳汁在口腔中能充分与唾液混合，不至于由于饮奶过急,食管沟闭合不全而落入瘤胃,奶在其中酸败而引起腹泻。此外,用奶壶喂奶还可控制喂奶姿势。

奶嘴上的孔的形状也很关键,"十"字形裂口可使犊牛吃奶时增加吸吮阻力,能与唾液充分混匀,乳汁在皱胃内凝成疏松的乳块,利于消化。相反,圆孔状裂口或裂口过大时,奶在口腔中不能与唾液充分混合,到皱胃内形成较坚硬的凝乳块,难于消化。

犊牛在整个哺乳期喂奶时,切记不要饮奶过急,每头牛每次饮奶时间不少于30秒。

第五,日喂次数。最初1周可喂3～5次,从第二周以后可喂1～3次。

第六,喂奶时应把犊牛拴系,上颈枷或关在犊牛笼中,使其不能互相舔吮,每次喂奶之后,要将犊牛口、鼻周围的残奶擦干净,喂完后15分钟将它放开,即吸吮反射停止后放开。

86. 怎样给犊牛去角?

去角可以避免争斗时角损伤乳房、阴门、腹部等所造成的巨大经济损失。

去角的适宜时间多在出生后7～10天,常用的去角方法有电烙法和固体苛性钠法两种。

苛性钠法应在角刚鼓出但未硬时在晴天且哺乳后进行,具体方法是先剪去角基部的毛,再用凡士林涂一圈,以防苛性钠药液流出,伤及头部和眼部,然后用棒状苛性钠蘸水涂擦角基部,直到表皮有微量血渗出为止,处理后把犊牛另行拴系,以免其他犊牛舔其伤处,或犊牛摩擦伤处增加渗出液,延缓痊愈。伤口需1～3天才干,为免腐蚀母牛乳房皮肤,随母哺乳的犊牛应采用电烙法。

电烙法是用 200～300 瓦电烙器,把烙头砸扁,使宽度刚与角生长点相称,加热到恒温,当 15～20 日龄犊牛的角刚要长出而尚未长出时,牢牢地压在角基部直到其下部组织烧灼成白色为止,烙时不宜太久,以防烧伤下层组织,去角后,伤口应涂甲紫以防感染。此外,还有去角钳法、冷冻法等,其中以电烙法最安全、经济。

87. 怎样给牛编号和打号?

牛的编号是人给牛的一个代号,对牛起着一个名字或身份证的作用,以便于进行管理和育种等工作。牛最简单的编号方法是按牛的出生年度和年内出生顺序编号。出生顺序于每年元月 1 日开始,从 001 号(或 01,依据牛场规模而定)编排,在顺序编号前冠以年度号。简单的编号一般为四位数或六位数,当编号为四位数时,只反映出生年度和年内出生顺序,如 0156 就是 2001 年出生的、全场母牛编排顺序第五十六号的意思,当编号为六位数时,可反映出生年度、出生月份和年内出生顺序,如 010856 就是 2001 年 8 月出生的、全场母牛编排顺序第五十六号的意思。但在实际生产中,由于牛的出生地不同、同一牛场可能饲养的品种不同、特别是近年来奶牛交易日趋频繁,为确保唯一性,编号可借鉴身份证的编号方法,即把省份、牛场、出生年度、年内出生顺序一并编排,这种编排一般采用十位数编号(在打号允许时)。具体编号方法是:省份编号(2 位)+省市内牛场编号(3 位)+年度编号(2 位)+年内牛出生顺序(3 位)(表 6-3)。

表 6-3　我国大陆各省、市、自治区编号

省 份	编 号	省 份	编 号	省 份	编 号	省 份	编 号	省 份	编 号	省 份	编 号
北 京	01	上 海	02	天 津	03	重 庆	04	河 北	05	山 西	06
内蒙古	07	辽 宁	08	吉 林	09	黑龙江	10	山 东	11	安 徽	12
江 西	13	江 苏	14	浙 江	15	福 建	16	湖 北	17	河 南	18
湖 南	19	广 东	20	广 西	21	海 南	22	四 川	23	贵 州	24
云 南	25	陕 西	26	甘 肃	27	新 疆	28	宁 夏	29	青 海	30
西 藏	31										

　　牛的编号在我国没有统一的规定,各牛场的习惯不同,不过编号必须编得既科学又实用为佳,编号方法不能经常变化。

　　把牛的编号标记在牛体身上就是打号。打号的方法有很多种,常用的有耳标、墨刺、烙号、剪耳和冷冻打号等方法。不管哪种方法均要求操作简便,耐久,成本低和易于辨认。最常用的是耳标法。

　　耳标有许多种类和样式,金属耳标比较轻巧,把牛的编号用钢印打在金属耳标上,用耳号钳把它嵌在耳壳上打下的小孔上固定。塑料耳标是把编号用不褪色的笔将牛号写在塑料制耳标上,卡在牛耳壳上所打的孔中悬挂,塑料耳标较大,比金属耳标易辨认,并可使用不同颜色塑料耳标来表示不同内容,所以近年来使用比较广泛,耳标的成本低,使用方便,其缺点是不耐久,易脱落丢失,特别是金属耳环,距离稍远或牛头摇动时看不清。

　　塑料耳标的打号步骤如下。

　　(1)保定　防止操作时牛顶撞。

(2)装耳标　在耳标钳的夹片下水平安装已编号的耳标阴牌(较大的一片),阳牌(较小的一片)充分插入耳号钳的针上。

(3)消毒　把耳标钳连同耳标一起浸泡消毒。

(4)打耳标　一手固定耳朵,另一手执耳标钳,在无大血管的耳部中心用力一夹,使耳标阴牌下 1/3 露在耳朵外即可。

88. 什么是早期断奶? 怎样进行早期断奶?

早期断奶就是缩短哺乳时间,减少哺乳量,提早于常规的断奶方法。早期断奶的优点是减少哺乳量,这样可以降低犊牛培育成本,因为同时缩短了哺乳期,所以降低了人工喂奶时的喂奶用具费用和工时;特别值得一提的是,它可以使犊牛的消化系统尽早得到锻炼,提高了犊牛的培育质量,为以后的高生产性能奠定了基础。当方法不当时,可能会降低犊牛的成活率,反而使培育成本增加。

早期断奶的方法为:

第一,出生后的前 5 天,在不引起腹泻的前提下,让其吃饱,充分利用初乳,使犊牛获得充分的免疫力。

第二,从第六天开始,在日喂奶量不超过其体重 10％的前提下,即开始用开食料(最好用专门开食料,没有时用犊牛料代替)进行开食调教。

第三,诱导犊牛采食的方法包括:提高开食料的适口性(用废糖蜜拌入,把豆粕炒熟等);在喂奶即将结束时,把开食料撒入奶桶底部诱导舔食;湿拌开食料塞入口里等。

第四,犊牛能正常采食植物性饲料后,用犊牛料代替开食料,坚持少喂勤添原则,保持犊牛料的新鲜。

第五,在训练采食开食料的同时,让犊牛自由采食优质青干草。

第六,犊牛开食后,按照循序渐进的原则逐渐减少喂奶量,同时逐渐增加犊牛料的喂量。

第七,达到日采食 1 千克犊牛料后,即大幅减少喂奶量(日 2 千克或 1 千克以下),连续 3 天以上达到 1 千克即具备断奶的条件。

第八,坚持供给充足和清洁的饮水。

89. 怎样加强犊牛的管理?

(1)登记建档 编号、打号、称重、记录和建立档案。

为了便于饲养管理和积累育种资料,犊牛出生后,在擦干被毛黏液和尚未饲喂初乳前称初生重,吃完初乳后对犊牛进行编号和打号(具体详见"怎样给牛编号和打号"),用"三面图"(三面即犊牛面部、牛体左右两侧面)方式(有条件时可对犊牛进行拍照)对其毛色花片、外貌特征、出生日期、谱系等情况做详细记录,最好建立成档案。

(2)提高哺乳技术 详见"如何科学地给犊牛喂奶"部分。

(3)观察 第一要观察犊牛卫生状况,即犊牛的环境、牛舍、牛体以及用具卫生,喂奶用具(如奶壶和奶桶)每次用后都要严格进行清洗消毒,程序为冷水冲洗、碱性洗涤剂擦洗、温水漂洗干净、反面扣下控干、使用前用 85℃ 以上热水或蒸汽消毒。

犊牛舍应保持清洁干燥、空气流通。舍内二氧化碳、氨气积聚过多,会使犊牛肺小叶黏膜受刺激,引发呼吸道疾病。同时,湿冷、冬季贼风、淋雨、营养不良亦是诱发呼吸道疾病的重要因素。饲料要少喂勤添,保证饲料新鲜、卫生。每次喂奶完毕,用干净毛巾将犊牛嘴缘的残留乳汁擦干净,并继续在颈枷上夹住(或其他方法控制)约 15 分钟后再放开,以防止犊牛之间相互添吮,造成舔舐癖。

第二要观察犊牛采食,食欲是否正常,采食量多少及其波动情况,是否有剩奶、剩料、剩草等。

第三要进行健康观察,及早发现有异常的犊牛、及时进行适当的处理,以提高犊牛育成率。观察的内容包括:犊牛的被毛和眼神、食欲以及粪便情况、是否有咳嗽或气喘、有无体内、外寄生虫、体温变化、犊牛生长发育情况。

(4)饮水 牛奶中虽含有较多的水分,但犊牛每天饮奶量有限,从奶中获得的水分不能满足正常代谢的需要。25 日龄内,在两次喂奶中间饮水,开始可用加有适量牛奶的 35℃~37℃温开水诱其饮水,10 日龄后可直接喂饮常温开水。25 日龄后由于采食植物性饲料量增加,饮水量越来越多,这时可在运动场内设置水槽,任其自由饮用,但水温不宜低于 15℃,冬季应喂给 30℃左右的温水,同时注意每周清洁水槽 1 次。

(5)刷拭 犊牛在舍内饲养,皮肤易被粪及尘土所黏附而形成皮垢,这样不仅降低了皮毛的保温与散热能力,使皮肤血液循环恶化,而且也易患病。为此,每天应给犊牛刷拭一两次。最好用毛刷刷拭,对皮肤软组织部位的粪尘结块,可先用水浸润,待软化后再用铁刷除去。对头部刷拭尽量不要用铁刷乱挠头顶和额部,否则容易从小养成顶撞的坏习惯。顶人恶癖一旦养成很难矫正。

(6)运动 犊牛正处在长体格的时期,加强运动对增进体质和健康十分有利。7 日龄内在舍内,7~30 日龄应灵活掌握运动时间,从 0.5 小时增至 2~3 小时,30~60 日龄,除恶劣天气外,白天全天在外,夜间回舍,60 日龄以后,除恶劣天气外,昼夜在外,个别体质差的例外。每头牛占有运动场面积为10～12平方米。

(7)去角 详见去角部分。

(8)剪除副乳头 乳房上有副乳头对清洗乳房不利,也是发生乳房炎的原因之一。犊牛在哺乳期内应剪除副乳头,适宜的时间是2～6周龄。剪除方法是先将乳房周围部位和副乳头消毒,将副乳头轻轻拉向下方;用锐利的剪刀从乳房基部将其剪下,剪除后在伤口上涂以少量消炎药。如果在有蚊、蝇季节,可涂以驱蝇剂。剪除副乳头时,切勿剪错。如果乳头过小,一时还辨认不清,可等到母犊年龄较大时再剪除。

(9)预防疾病 犊牛期是牛发病率较高的时期,尤其是在生后的头几周。主要原因是犊牛抵抗力较差。此期的主要疾病是肺炎和腹泻。做好保温工作是预防肺炎的重要措施,消毒牛奶和喂奶器具,定时、定质、定量、定温喂奶则是防止腹泻的措施。

(10)抽查体尺和体重 详见育成牛管理部分。认真填写档案材料,见表6-4。

表6-4 牛档案

牛档案材料

项　目	初　生	6月龄	18月龄	初　产	60月龄
体　重					
体　高					
体斜长					
胸　围					
腹　围					
管　围					

本身生长发育情况

项　目	标准奶产量	第一胎	第二胎	第三胎	第四胎	第五胎
祖　母						
母　亲						
第一女儿						
第二女儿						
泌乳量						
乳脂率						
FCM量						
最高日泌乳量						
到达泌乳高峰天数						
一配日期						
二配日期						
三配日期						
定胎日期						
预产期						
日　期						
疾(疫)病						
用药情况						
治疗结果						

祖先后代情况

生产性能记录

配种产犊情况

疾病防疫记录

90. 什么是育成牛?

育成牛是指 7 月龄至初配(第一次配种,一般为 15~18 月龄)的牛,是培育高产奶牛的重要培育阶段。

91. 怎样饲养后备育成母牛?

育成牛不直接生产产品,也不像犊牛易患病,在生产中往往被忽视,从而影响了预期的效果。育成牛阶段骨骼、肌肉和消化器官等都在迅速生长,也是性成熟、初配时期,本阶段的主要目的,是通过合理的饲养使其按时达到理想的体型、体重标准和性成熟,按时配种受胎,并为其一生的高产打下良好基础(表 6-5)。

表 6-5   后备母牛不同月龄体重和胸围

月　龄	体　重 (千克)	胸　围 (厘米)	月　龄	体　重 (千克)	胸　围 (厘米)
初　生	41	79	14	347	163
2	72	94	16	392	168
4	122	107	18	419	175
6	173	125	20	446	180
8	221	140	22	495	185
10	270	150	24	540	191
12	315	158	60	600	200

(根据梁学武改编,2002)

母牛初配时体重应达到成年时的 70% 左右,如果达不到体重即配种,将导致终身体重不足。为了使育成牛能在此阶段不同月龄达到应有的体重和体尺,尤其是在 18 月龄左右达到初配的体重,必须根据育成牛的生长发育规律,制定日增重目标。一般可以按照固定精料补充料喂量,粗饲料自由采食的原则循序渐进地过渡精粗比,使粗饲料逐渐从 50%～60%增加至周岁时的 70%～80%。

精料一般根据粗饲料的质量进行酌情补充,若为优质粗料,精饲料的喂量仅需 0.5～1.5 千克即可,如果粗饲料质量一般,精料的喂量则需 1.5～2.5 千克,并根据粗饲料质量确定精料的蛋白质和能量含量,使育成牛的平均日增重达 0.7～0.8 千克,16～18 月龄体重达 360～380 千克进行配种。

母牛初产前乳腺的发育,将影响该牛的终生产奶量。因为乳腺发育是在性成熟后进行的,即 8 月龄后乳腺一般进入高速发育期,根据各部位生长发育规律,牛的体躯宽度和深度也都在 12 月龄后逐渐加快,因此关系到以后体型和生产潜力的发挥。但是在生产实践中,往往疏忽这个时期育成牛的饲养,导致育成牛生长发育受阻,体躯狭浅,四肢细高,延迟发情和配种,其终生产奶量、产犊数均少,加大了育成牛的培育费用,并不经济。另外,还导致成年时泌乳遗传潜力得不到充分发挥,给生产造成巨大的经济损失。

过于丰满的牛,产奶量不仅不高,而且受胎困难。因此,应限量饲喂,以防过量采食导致肥胖。

92. 怎样管理育成牛?

(1)分群　分群在性成熟前进行,通常不迟于 6 月龄。这是由于公、母牛发育及对饲养管理条件的不同而决定的。

(2)刷拭　应每天刷拭 1 次,上槽后进行。

(3)转群　育成牛在不同生长发育阶段生长强度不同,故饲养管理有别,有必要对育成牛根据年龄、发育情况分群,并按时转群。育成牛一般在12月龄、18月龄、定胎后或至少分娩前2个月共三次转群,转群的同时还要淘汰一部分牛。育成牛在12月龄转群时,一般要称重并结合体尺测量,对生长发育特慢的、生长发育过程中出现的背腰不直、不平、犬腹、垂腹等缺陷的牛,要进行淘汰,剩下的转群。育成牛一般在18月龄左右配种,由于一部分牛配种、受胎困难,所以18月龄转群是淘汰本阶段生长发育特慢的和一部分配种困难的牛,剩下的转群。最后1次转群是育成牛走向成年母牛的标志。

(4)奶牛按摩乳房　奶牛在性成熟之后每次上槽前要按摩乳房,每日1次,每次2~3分钟,直到妊娠后期乳房出现生理水肿为止,不要有挤奶的动作。在妊娠后期,有时还可用温水清洗乳房后按摩,以促进乳腺的发育。

(5)母牛初配　母牛在18月龄左右视生长发育情况决定是否配种。在配种前1个月,应注意育成母牛的发情日期,以便在以后的1~2个情期内进行配种。

(6)加强舍饲牛的运动　育成牛的运动关系到它的体质,这是因为育成牛有活泼好动的特点和不产奶、不妊娠、体重小等生理特点。运动应从犊牛开始,直至预产前1个月左右,育成牛的运动场应大于成年牛的运动场,在妊娠后期要防止做激烈的旋转运动或跳跃,以免引起流产。

93. 什么是泌乳奶牛的泌乳期和干奶期? 一般为多少天?

　　母牛从第一次产犊后便进入正常的周而复始的生产周期,从泌乳的角度看,一个完整的泌乳周期包括泌乳期和干奶期。奶牛在下一次产犊前有一段停止挤奶的时间,称为干奶期。干奶期一般为 60 天,而泌乳期一般为 305 天。

94. 怎样给奶牛干奶?

干奶就是人为地使泌乳母牛停止泌乳的过程,是提高母牛生产性能的重要措施。主要有 3 种方法。

(1)传统方法(也叫逐渐停奶法或保守方法) 主要采取釜底抽薪结合硬性改变工作日程方法。开始干奶时,先从日粮中减少或停喂精料、多汁料、糟渣类料和青饲料,日粮以粗饲料为主,并控制饮水,打乱母牛生活规律,如打乱挤奶次序、减少挤奶次数、隔日挤奶等,待日产奶量降至 2.5 千克以下时停奶。整个过程需 10～15 天。

这种干奶方法是把供给的营养基础降低,再加上打乱生活规律实现的,高产牛此时可降解体组织维持产奶,故对母牛损害较大,且日粮结构改变会使消化系统功能紊乱,影响胎儿的发育,乳房炎的发病率并不一定低。

(2)改良方法(快速停奶法) 快速停奶法是在传统方法基础上的改进型,在不减精料或少减精料的情况下,停喂多汁料、糟渣、青草等,用品质差的干草代替优质干草,不控制饮水,主要靠打乱生活规律达到抑制乳腺分泌活动,最后达到干奶目的,整个过程持续 5～7 天。所采取的措施同传统方法,但强度较低,目前正在广泛应用。

(3)骤然停奶法 母牛到停奶之日,首先将乳房彻底按摩几次,机器挤完后再按摩乳房几遍,手工将乳房中的奶挤干净,特别注意不能让乳头管的牛奶回流到乳房里,最后将每个乳头洗净,消毒后,用干奶药物通过乳头孔将之注入乳房,再用碘酊消毒乳头,转群进入干奶牛舍内。要经常观察乳房变化、厩舍和运动场的卫生状况,以减少感染乳房炎的机会;且发现乳房红肿、发热、发亮等异常现象,应立即治疗。

95. 干奶牛怎样保胎?

干奶牛同时也处于妊娠的最后 2 个月,防止母牛流产是干奶母牛饲养管理中的重要内容。

第一,禁止饲喂腐败发霉变质的饲料,发霉的饲料、尤其是玉米发霉产生玉米赤霉烯醇,此物质有类似于雌激素的功能,能引起流产。

第二,禁止饲喂冰冻的饲草饲料(冬季泡料或者饲喂青贮饲料等引起)。

第三,避免剧烈运动以防止机械性流产,如狂奔、跳跃、急转弯和角斗。

第四,冬季饮水水温应在 10℃ 以上,不饮冰冻的水,最好自由饮不结冰的水。

第五,母牛妊娠期皮肤代谢旺盛,易生皮垢,因而要加强刷拭,避免蹭栏杆等引起流产。

96. 怎样减少围产期疾病?

母牛的围产期是指产前 15 天至产后 15 天这段时间。按照奶牛泌乳周期的划分,产前 15 天属于干奶后期,产后 15 天属于泌乳早期或产后(恢复)期,但由于关系到母牛分娩状况、产后健康、生产性能和发情等,特别提出围产期这个概念。

母牛围产期疾病占整个泌乳期疾病数量的 80% 多,且围产期疾病多由干奶期饲养管理不当而引起。因此,从干奶期饲养管理着手解决围产期疾病才是根本途径。

围产期疾病按照分类可分为代谢病、产科及生殖疾病、消化系统疾病和乳腺疾病,其中代谢病居多,主要有产后瘫痪(乳热症)、酮病、青草抽搐搦(低血镁症)、肥胖综合征、乳房水肿等,产科及生殖疾病包括难产、胎衣滞留、子宫炎等,消化系统疾病主要有真胃移位,还有乳房炎等,其诊疗方法详见第九章。

(1)使用干奶牛精料补充料是减少围产期疾病的物质条件 我们知道,产后瘫痪是低血钙症,与钙的缺乏、钙磷比例失调或者维生素 D 缺乏有关,酮病与日粮能量不足、产前肥胖有关,青草抽搐搦与缺乏镁有关,乳房水肿与高能量和高钙、高钾有关,胎衣滞留与缺乏硒和维生素 E 有关等。干奶牛精料补充料是专门针对这些情况而设计的精料,可以从源头上避免营养缺乏症,提高奶牛免疫力。因此,使用干奶牛精料补充料是减少围产期疾病的物质条件。

(2)掌握适当的日粮精粗比 日粮精粗比是指精料补充料和粗饲料以干物质为基础分别占日粮的百分比,一般在产前 2 周控制在 $20\sim25$∶$75\sim80$,即精料补充料应控制在 25%以下,这对防止真胃移位是重要的。

(3)加强干奶期母牛的运动 萎缩的乳房和充足的营养是干奶期母牛运动量加大的有利条件,其作用详见"干奶期的母牛管理重点"一问。

(4)防止母牛流产 母牛流产一般伴随胎衣滞留,影响母牛产后发情及配种等,详见"干奶母牛怎样保胎"一问。

(5)注意牛体卫生和环境卫生 这是防治乳房炎的前提,详见"乳房炎的病因、表现症状及预防措施"一问。

(6)控制体况 使母牛达到合适的体况。

97. 干奶期奶牛的管理重点是什么？

干奶期奶牛的管理重点除防止流产外，还有以下内容：

第一，加强户外运动，一方面能促进肌肉收缩，防止难产和胎衣滞留，减少肢蹄病的发生，另一方面，多晒太阳可促进维生素 D 的合成以防止产后瘫痪的发生。

第二，处于干奶期的母牛最好单独组群，饲养在干奶牛舍。干奶牛舍应靠近产房。

第三，加强干奶牛舍及运动场的环境卫生，有利于防止乳房炎的发生。

第四，产前 2 周转入产房，习惯环境。保持产房内清洁，进入产房前刷拭牛体，产房门前须有消毒池，产房内铺有柔软垫草，经常更换并消毒。

98. 泌乳奶牛分娩前后护理的注意事项有哪些？

临近产期的奶牛行动不便，这期间奶牛消化器官受到日益庞大的胎胞挤压，有效容量减少，胃肠正常蠕动受到影响，消化力下降，应给予营养丰富、品质优良、易于消化的饲料。产前 15 天，最好将母牛移入产房，由专人饲养和看护，并准备接产工作。母牛分娩前乳房发育迅速，体积增加，腺体充实，乳房膨胀；阴唇在分娩前 1 周开始逐渐松弛、肿大、充血，阴唇表面皱纹逐渐展开；在分娩前 1～2 天阴门有透明黏液流出；分娩前 1～2 周骨盆韧带开始软化，产前 12～36 小时荐坐韧带后缘变得非常松软，尾根两侧凹陷；临产前母牛表现不安，常回顾腹部，后蹄抬起碰腹部，排粪、尿次数增多，每次排出量少，食欲减退或停止。上述征兆是母牛分娩前的一般表现。

正常分娩母牛可将胎儿顺利产出，不需人工辅助，但对初产母牛、胎位异常及分娩过程较长的母牛要及时助产，以保母牛及胎儿安全。

母牛产犊后应喂给温水，水中加入一小撮盐（10～20克）和一把麸皮，以提高水的滋味，诱牛多饮，防止母牛分娩时体内损失大量水分腹内压突然下降和血液集中到内脏产生"临时性贫血"。

母牛产后易发生胎衣不下、食滞、乳房炎和乳热症等症，应经常观察，发现病牛，及时请兽医治疗。

99. 泌乳母牛的泌乳期怎样划分？

在305天的泌乳期中，奶牛的产奶量并不是固定的，而是呈一定的规律性变化，将泌乳期进行科学划分，以便能根据这些变化规律进行科学的饲养管理。目前国外通常划分为3个不同的阶段，即泌乳早期，从产犊开始至第十周末；泌乳中期，从产后第十一周至第二十周末；泌乳后期，从产后第二十一周至干奶。

另外一种划分方法是分为4个阶段，母牛产后2周内为产后（恢复）期，也就是离开产房之前的一段时间，之后泌乳量逐渐增加，一直到泌乳高峰为止，这是升乳期，随着高峰期过后，产奶量下降，下降幅度在7%以下时，是平稳期，最后剩余的是降乳期。

100. 怎样分析奶牛的泌乳曲线？

奶牛的泌乳曲线是从母牛产犊后开始的一个生产周期中，以时间为横坐标，以产奶量为纵坐标，反映泌乳量随时间变化的曲线。在整个生产周期中泌乳量的变化呈现一定的规律,这是分析奶牛的泌乳曲线的基础。从泌乳曲线可以分析的内容有:奶牛群体育种工作的基础、奶牛日粮配制情况、饲养管理情况等。分析泌乳曲线的目的是发现问题,避免这些问题的持续存在,解决这些问题,以提高牛场的管理水平和经济效益。

泌乳曲线必须在大量数据积累的基础上才可以分析,实行 DHI 的牛场可根据每月 1 次测定的产量数据为基础,中小型牛场根据每天实际的挤奶量数据为基础。实际生产中可根据不同胎次分别建立泌乳曲线,如所有头胎牛、二胎牛和所有二胎以上牛的泌乳曲线。在分析泌乳曲线时,从曲线的波动程度、不同胎次产奶量、不同胎次高峰产奶量数值大小、到达高峰产奶量的时间做比较分析。

(1)奶牛群体育种工作的基础的分析　从不同年度的所有头胎牛产奶量或和其他牛场头胎牛产奶量做比较可以判断分析。国内第一胎产原奶量达到 6 000 千克以上一般可以表明育种工作扎实。

(2)不同胎次到达高峰产奶量的时间分析　不同胎次牛到达泌乳高峰的时间以第一胎最晚,一般在产后 90～120 天,第二胎以及二胎以上一般在 70～86 天。如果泌乳高峰提前到来,一般预示母牛出现产后能量负平衡,无法维持泌乳量的持续上升,使泌乳高峰提前到来。可以从提高日粮能量浓度入手解决。如用人工种植牧草代替秸秆、精料补充料使用过瘤胃脂肪等。

(3)不同胎次的泌乳高峰值的分析　一般以第一胎次的泌乳高峰值为基数,来分析第二胎、第三胎、第四胎等的泌乳高峰值。第二胎到第五胎的高峰值应分别为第一胎的 1.37、1.511、1.575 和 1.589 倍。如果泌乳高峰提前到来,则泌乳高峰值也必然达不到预期产量,否则应为正常。

(4)因牛而异综合评判 由于上述的泌乳曲线是以群体为基础所做的分析,很难分析出饲养管理、疾病、季节等对泌乳量的影响。如果以某一个体牛某一胎次的泌乳曲线做分析,须根据曲线的平滑程度做出判断,以典型曲线为模板,如曲线出现波动时,则为异常。根据出现的自然月份(如盛夏热应激或者大风降温引起)、泌乳月(产后70天泌乳前期的问题)、波动程度(疾病、换料或换饲养员等)综合评判。以某一个体牛连续几个胎次的泌乳曲线做分析,除对不同胎次到达高峰产奶量的时间和不同胎次的泌乳高峰值分析外,还可以对不同年度饲养管理情况、疾病防控、饲草料供应情况做分析。

通过对泌乳曲线的分析,可以直观地发现生产中存在的问题,从问题着手,找到解决的途径以期改进,这就是管理出效益的真谛。

101. 如何减缓产后母牛的营养负平衡?

奶牛的产奶性能越高,产后的营养负平衡越严重,这就意味着内分泌必须调整,使体内更多的体脂肪被动用,当体脂肪动用过量,血液中酮体超过一定量时,就会发生酮病,轻度的酮病使奶牛泌乳量减少,中度时出现自动干奶,重度时危及奶牛生命,人们应对严重的营养负平衡的一般措施通常是增加精料补充料喂量,这样会有继发性代谢病的产生(如酸中毒、蹄叶炎等),这是因为代谢疾病的产生使高产奶牛被淘汰的原因。营养负平衡导致高产奶牛更多的体脂被消耗,高产的潜力消耗殆尽,产奶高峰得不到维持,这是因为生产性能降低被淘汰的原因。当体脂肪的体重下降到一定程度(一般认为体脂肪低于 8.6%,体重下降 20%左右)时,发情周期自动终止,卵巢静止,这样产后发情率和妊娠率(有时可以勉强妊娠)下降,这是因为繁殖性能降低被淘汰的原因。

所有能够减缓产后母牛营养负平衡的措施都可以在一定程度上延长高产奶牛的利用年限,其根本措施如下。

(1)使用保护性脂肪 由于瘤胃微生物的存在,只有过瘤胃脂肪可以在不改变精粗比的情况下,能满足高产奶牛高产性能及维持正常体况的能量需求,不但能缓解负平衡带来的酮病和继发性代谢病的产生,而且保护性脂肪中的一些不饱和脂肪酸(如亚油酸)是合成前列腺素和孕酮的前体物质,对奶牛的繁殖具有重要的影响。

(2)使用瘤胃缓冲剂 可平衡瘤胃的 pH,避免酸中毒引起的蹄病和肝脏疾病。

(3)使用抗应激添加剂 当泌乳高峰期正值寒冬和酷暑时,冷、热应激会使营养负平衡雪上加霜,高产奶牛被淘汰概率加大。

(4)科学加工饲料 精料补充料通过膨化、制粒,粗料的复合氨化,使用全混合日粮等,不仅能提高采食量,还可以提高日粮的消化率,在很大程度上缓解负平衡,降低高产奶牛被淘汰的比例。

102. 怎样减少高产奶牛蹄病的发生?

奶牛蹄病较多的原因是奶牛体重相对比较大,故蹄部所受的压强较大;集约化饲养管理程度高,有效运动量不足,运动量不足使蹄底磨损不充分;各种应激(营养应激、热应激、运输应激等)降低了对各种感染和损伤的抵抗力;奶牛的生产效率最高,容易出现代谢性疾病。

奶牛蹄病发生的特点是:后蹄的发病率相对高于前蹄,淘汰率高,高温、雨季发病率高。

蹄病的发生率根据不同国家、地区、奶牛品种、胎次、营养状况、饲养管理措施、饲养方式等的不同而异。

蹄病带来的损失主要来自 3 个方面:其一是产奶量下降,一般为 10% 以上。其二是过早淘汰,缩短了奶牛的利用年限,使饲养成本增加。其三是增加了额外的医疗费用。

奶牛蹄病重在预防,防治结合,预防不仅节约开支,也最可靠,带来的综合效益最高。虽然各地气候、地理环境、卫生条件和日粮组成等存在较大的差异,蹄病种类和发病率也各不相同,但只要从下述方面着手,能显著降低发病率。

(1)科学设计奶牛场与奶牛舍 奶牛场场址应选择在地势高、干燥、排水良好的地方,这是保证奶牛大环境干燥、减少蹄病发生的基础;奶牛的运动场面积应达到规定的最低值,才能使蹄甲得到正常的磨损,土质运动场能极大减少对蹄底的反弹力,对保护和维持蹄部的缓冲功能至关重要,而水泥或混凝土的运动场除不能有效减缓反弹力外,其透水、排气和吸热性能都不及泥土,会加重蹄病发生,中间高四周低的运动场能及时有效排出污水,保持运动场的干燥,合理的运动场能使奶牛的躺卧、休息和反刍时间得到保证;一些自由牛床设计不科学,如起卧空间、起卧的缓冲空间和垫料不足,自由牛床过高,分隔栏管过多等。

(2)提供全价配合饲料是减少蹄病的物质条件 营养物质是使蹄子保持正常生长速率和使蹄壳保持正常硬度的物质条件,从而奠定蹄部健康的基础。蹄部正常生长所需要的营养物质主要有含硫氨基酸如蛋氨酸和胱氨酸、一些脂肪酸、生物素、钙、铜和锌等。因此,对于高产奶牛,要注意补充必需氨基酸,对于一般奶牛更要注意保持日粮合适的氮硫比,以使瘤胃微生物能合成正常数量的含硫氨基酸;生物素在生产实践中往往被忽视,凡是蹄病发生率较多的牛场、地区等,还应注意添加生物素,添加剂预混料一般都包含生物素、铜和锌等物质,许多微量元素使用硫酸盐,可同时补充硫。因此,通过使用添加剂预混料,基本可达到完善日粮营养物质的目的。

(3)强化管理措施 蹄是重要的运动器官,与其他器官一样,有其共同的和独特的生长发育规律,有些蹄病是不可避免的,建立并实行行之有效的蹄的保健程序能极大地减少蹄子疾病的发生率,同样可降低对生产性能的影响,这些措施包括注意牛体和环境卫生、修蹄、蹄浴和护蹄。

①搞好环境卫生 保持运动场和奶牛舍的清洁、干燥,对预防蹄病非常重要。奶牛运动场上的污水和泥泞可软化蹄角质,长期处于湿度较大的环境中,形成粉蹄。圈舍、运动场的卫生条件较差时,尤其是排泄物中氨的浓度高时,可破坏蹄壳的角蛋白质,加剧蹄病发生。圈舍,尤其是运动场中有些尖锐异物,如炉渣、石块、尖锐金属物,会造成蹄底的损伤,尤其是当上述 3 种因子同时出现时,蹄病会迅速增加。

②修蹄 修蹄是指利用刀、剪、锯、锉或修蹄器等器械,以外科手术方法使蹄的形状、大小和角度等得到恢复,并最终使其生理功能得到恢复的一种技术。修蹄可以使蹄底保持平整,均匀负重,保持蹄甲生长和磨损的平衡,维持肢蹄正常姿势,避免引起异常姿势而导致蹄病。修蹄为现代奶牛生产中奶牛场保护肢蹄健康的一种极其主要的技术措施,修蹄一般每年实行 2 次,做到及时和长度合理。

③蹄浴 蹄浴也是蹄底保健的重要措施,是指用一定浓度的消毒药液处理牛蹄,借以达到预防、改善或治疗蹄病的一

种经常性的卫生措施。蹄浴不仅可预防和治疗感染性蹄病，而且可增加蹄质硬度。蹄浴一般用4‰硫酸铜溶液，此溶液刺激性小，价格低廉，无异味，对奶牛护蹄效果良好。蹄浴一般不在干燥和寒冷季节进行，每周1次，连续6～8周，必要时，可长期使用。

④护蹄　在实行正常修蹄程序的同时，还要实施经常性护蹄措施，以保证肢蹄健康，防止蹄变形和蹄病的发生。

(4)加强选种和育种工作　在生产实践中，奶牛场可通过淘汰有明显肢蹄缺陷，特别是淘汰那些蹄变形严重、经常发生蹄病的奶牛及其后代，可以使牛群的肢蹄状况大大得到改善。育种工作者则尤其要注意种公牛的选择。

(5)减少疾病因素和其他因素诱发蹄病的发生　酸中毒是引起蹄叶炎的直接原因，预防酸中毒可从源头杜绝该病的发生。许多疾病可引起继发性蹄病，如胎衣滞留、乳房炎、子宫内膜炎、酮病等使奶牛体质变差，继发蹄病。

高产奶牛、奶牛在应激、产后初期等情况下，抵抗力下降，使蹄病发生概率增加。

103. 使用全混合日粮的优点和缺点各是什么？

全混合日粮是以散放牛舍饲养方式（母牛不固定牛舍、不固定槽位）为基础的饲养技术，是我国国内近几年规模化、集约化牛场正在推广的生产技术，它是根据牛群对蛋白质、能量、矿物质的营养需要，将粗饲料（青贮、干草、秸秆等）、精料和各种预混料进行充分混合，将其中的水分调整到45%左右而饲喂的日粮。我国过去传统的饲喂方式多为精、粗饲料分开饲喂，这种方式的最大缺点是易造成奶牛的干物质摄取量偏少(即吃不饱),并且由于奶牛个体间对精、粗饲料的嗜好性差异很大,使奶牛所采食饲料中的精饲料和粗饲料的比例(即精粗比)不易控制,一般都是吃精料过多,引起一些代谢疾病,也不太适应机械化、规模化、集约化经营的发展。

使用全混合日粮时,首先把牛群分成若干组,如高产组、中产组、低产组、干奶组、围产期组、青年牛组、育成牛组、犊牛组,根据各组营养需要特点配制日粮,优点是易于控制日粮的营养水平,提高奶牛的采食量;防止过量采食精料,防止饲料突变,保持瘤胃内环境稳定,有效防止消化系统功能紊乱,防止代谢病;可以把奶牛不太喜欢吃的当地大宗饲料混入其中使其逐渐适应,因而有利于开发和利用当地尚未利用的饲料资源;可进行大规模工厂化生产;可保证稳定的饲料结构,饲料混合均匀,防止挑食;有利于纤维素的降解,提高牛奶产量和质量;有利于发挥奶牛的高生产性能,提高其繁殖率,同时保证后备母牛适时开产;能分群、分期合理饲喂,根据泌乳期各阶段、产量、体况、年龄、体重分别饲喂;有利于控制生产,便于生产管理,提高劳动生产率及生产效益。一般认为可使产奶量增加 5%~8%,乳脂率提高 0.1%~0.2%,提高营养物质利用率,减少奶牛代谢病的发生,提高劳动生产率。

使用全混合日粮的缺点是奶牛经常进行调群,即在产犊后由于产奶量变化大,须分别留在高产牛群、中产牛群,之后再到低产牛群,经常性调群不仅加大劳动量,而且牛每次换群后都会争斗、追逐等,带来许多意想不到的麻烦;小型牛群无法使用;需要投入大量的机械成本;大型牛场使用时由于必须把牛群分成若干组,为此需要增加牛舍;原料库面积增加等。

104. 奶牛的挤奶方式有哪些?

挤奶分手工挤奶和机器挤奶两种。

(1)手工挤奶 手工挤奶就是以热水清洗乳房后,用手工在 5~8 分钟以内挤尽 4 个乳头的奶。手工挤奶有两种方法:即拳握法和滑榨法。

①拳握法 先用拇指与食指握紧乳头上端,使乳头乳池中的奶不能向上回流,然后中指、无名指和小指顺序依次握紧乳头,使乳头乳池中的奶由乳头孔排出。适用于乳头较长的奶牛。

②滑榨法 先用拇指、食指和中指捏紧乳头基部,然后向下滑动,使乳头乳池中的奶由乳头孔排出。适用于乳头较短的奶牛。滑榨法易对乳头皮肤造成伤害,因而如果乳头长度允许应尽量采用拳握法挤奶。

手工挤奶效率低,工人劳动强度大,容易对牛奶造成污染,优点是容易发现乳房的异常情况,及时处理。在牛场规模较小,劳动力价格较低的情况下可采用手工挤奶。

(2)机器挤奶 挤奶机械基本上是按照一位澳大利亚人吉利斯先生发明的原理运行的,逐步由从便携式挤奶机发展到各种形式的挤奶台。机器挤奶是把吸奶的频率定为 45~70 次/分,交替地采用吮吸和按摩这两个动作,利用挤奶机形成的真空,将乳房中的奶吸出。

机器挤奶劳动效率高,劳动强度低,原料奶的卫生可以得到保障。缺点是不易发现乳房的异常情况,甚至能对乳房、乳头造成损伤。

105. 怎样判断乳房按摩是否充分到位？

按摩乳房是挤奶的前奏，目的是引起母牛的排乳反射。当按摩奶牛乳房时，母牛乳房和乳头皮肤上的神经受到刺激，这些神经冲动传到神经中枢，再由中枢传到脑垂体后叶，由脑垂体后叶释放催产素，经过血液循环到达乳腺，引起乳腺肌上皮细胞收缩，把乳腺泡腔里的奶释放出来。催产素是一种激素，其特点是作用的时间比较短暂。如果按摩到位，可以释放较多的催产素，使乳腺泡腔里的奶全部释放出来。因此，不仅可以提高产量，而且可以提高牛奶中的乳脂率，奶的质量也随之提高。

按摩乳房前，先用温水和毛巾将乳房和乳头洗涤，再将毛巾拧干后进行按摩。每头牛应有一条专用毛巾。先从右侧乳区开始，按照从上向下、由旁向内的顺序按摩数次，然后用同样的方法按摩左侧乳区数次，最后握住乳头轻轻向下拉动数次，到乳头膨胀而有弹性时，表示已经引起排乳反射，就立即挤奶。如果乳头没有膨胀和发硬的情况，一般表明没有按摩充分。

在按摩乳房时，顺便观察乳房是否有外伤和肿块等，特别要观察是否出现后肢频繁挪动的现象，如有上述现象时，则要挤出前三把奶进行详细检查。

106. 怎样选购挤奶机？

优良的挤奶设备不仅关系到奶牛乳房的健康和保健、牛奶的产量和质量，还能大大提高劳动效率。应用什么类型的挤奶机，必须和奶牛场的规模、经济实力相适应。

挤奶机有多种形式：如便携式（提桶式）挤奶机、可移动式挤奶机、固定管道式挤奶机、各种形式的挤奶台（鱼骨式和转盘式）等。以是否能自动脱落奶杯可分为傻瓜式和智能式两类。

便携式和可移动式挤奶机的真空管道比较短，真空度起伏变化大，这种起伏对乳头末端是一种负面刺激，固定管道式挤奶机和各种形式的挤奶台的真空管道很长，对真空度具有很大的调节作用，所以对乳头没有不良的刺激，但它们的共同缺点是，必须依靠挤奶工密切关注，否则会造成过度挤奶或残奶过多。

自动脱落挤奶机在世界许多国家的大型奶牛场已被广泛应用。其优点是：缩短了整体牛群的挤奶操作时间；比一般挤奶机减少了奶在乳房中的残留量；防止过度挤奶甚至空吸引起的乳房炎；在乳杯脱落前，真空关闭，可改善乳头末端状况，有助于乳头管的严密闭合，进一步降低了乳房炎的发病率。因此，从降低乳房炎发病率、提高劳动效率和牛奶质量等综合情况看，有条件的大型奶牛场今后应选择自动脱落挤奶机。

一般中小型奶牛场适合使用便携式挤奶机、可移动式挤奶机和固定管道式挤奶机，大型奶牛场以挤奶台为最好，尤其是自动脱落挤奶台。

107. 每天挤奶次数究竟几次为好？

奶牛场每天挤奶次数取决于奶牛群的单产水平、机械化水平、当地劳动力资源供应状况和工资水平。

每天挤奶 2 次，则挤奶间隔为 10～14 小时，适合于低产和中产奶牛。每天挤奶 3 次，则挤奶间隔为 8～10 小时，适合于中产和高产奶牛。与日挤奶 2 次相比，产奶量提高 10%～18%，乳房健康状况能得到改善，但繁殖能力有所下降。每天挤奶 4 次,挤奶间隔为 6～8 小时,产奶量提高 8%～10%,乳房健康状况继续改善。

当日挤奶次数超过 3 次时,尤其是采用手工挤奶方式时,会破坏工人的固有生活规律,劳动强度明显加大,不利于工人的健康,鉴于国内奶牛群的生产水平,一般以 3 次为好。

108. 怎样判别散放饲养与拴系饲养的优缺点?

散放式饲养模式是畜牧业发达国家普遍认可和采用的舍饲奶牛的模式,指奶牛除在奶厅挤奶时控制外,其他时间不加拴系,任其自由活动。它包括自由卧床休息区、运动区、反锁式颈枷饲喂区、待挤区、挤奶厅等。这种方式是以集中挤奶和全混合日粮饲养为特点的奶牛饲养模式,能有效地改善奶牛福利和提高劳动效率。

拴系式饲养模式是我国现在奶牛主要的饲养模式,指奶牛在采食、挤奶和采取主要饲养管理措施时采用拴系方式实施,采食和挤奶都在牛舍进行,固定床位和饲槽,每天 3 次上槽、3 次挤奶,由饲养员以个别饲养为特点,下槽后在运动场自由活动的一种饲养模式。包括牛舍和运动场等设施。

散放饲养和拴系饲养相比,优点在于能最大限度地还牛于自然,采用全混合日粮能全天候采食,能提高采食量和发挥生产潜力,集中挤奶可以保证原料奶的卫生,挤奶厅和饲喂车的使用还能极大提高劳动效率和降低劳动强度。由于散放饲养以牛群为着眼点,缺点是要经常分群,维持高产群、中产群和低产群 3 个群体,增加一定的工作量;奶牛每年 2～3 次的转群可能会引起转群应激等问题;奶牛从高产群转到中产或低产时,精料补充料的比例下降引起奶牛食欲和生产性能下降;技术人员必须谙熟奶牛的行为,需要借助计算机管理,因此对技术人员的要求很高;机械成本很高。

　　究竟采用哪种饲养模式更好,必须依据已有的条件决定,小规模牛场、劳动力相对便宜、技术人员相对缺乏、尤其是资金受限制时,拴系饲养可以显示一定的优势。从长远来看,散放饲养将代替拴系饲养模式。

七、奶牛繁殖技术

109. 什么是性成熟？影响因素有哪些？

母犊牛出生后,随着体重的增长,其生殖器官也在不断地生长发育,到一定年龄和体重后就会出现第一次发情,称为初情期。初情期后,母牛生殖器官的生长发育明显加快并基本完成,具备了繁殖能力,出现完整的、正常的发情周期,即进入性成熟期。母牛的初情期一般为 6～12 月龄,性成熟月龄比初情期推迟 2 个月。

性成熟的年龄是与初情期年龄紧密联系的,它与品种、营养、气候环境等因素有关。一般来说,小型品种达到性成熟的年龄较大型者为早。例如,在奶牛品种中,娟姗牛的平均初情期为 10 月龄,中国荷斯坦牛为 13 月龄。

性成熟的年龄同时也受营养和环境的影响。母牛的体重直接影响性成熟的早晚,良好的饲养可大大促进牛的生长和增重。

另外,热带饲养的牛性成熟较寒带或温带的早。

110. 什么是体成熟？

体成熟是指公、母牛骨骼、肌肉和内脏各器官已基本发育完成,而且具备了成年时固有的形态和结构。在整个个体的生长发育过程中,体成熟期要比性成熟期晚得多,牛的体成熟期一般为 5 周岁。

111. 牛的适配年龄在何时？

首先应该说牛的适配年龄这一提法不太科学，因为牛的适配年龄是由初次配种的体重决定的。实践已经证明，育成母牛的体重达到该品种成年母牛体重的 70% 左右，进行第一次配种较为适宜。中国荷斯坦母牛的标准体重为 600 千克左右，最小不能低于 550 千克，初配体重为 380～420 千克，娟姗牛为 228 千克。由于地区和类型的差异，达到这样的体重，饲养条件较好的中国荷斯坦母牛约为 16 月龄，饲养差的则在 18 月龄以上。切记，初次配种的体重决定牛的适配年龄。

过早交配，不仅会影响母牛本身的正常发育和生产性能，还会影响到幼犊的健康。但是，若母牛第一次配种时间过晚，必然会影响终生产犊头数，缩短有效的泌乳天数。因此，确定育成母牛的初配年龄，一般应以体重为标准，因为受品种、饲养管理、气候和营养等因素的影响，牛的生长发育速度很不一样。

112. 什么是发情周期？

母牛到了初情期后，生殖器官发生一系列形态和功能的变化，这种变化周而复始一直到繁殖功能停止期，这种周期性的性活动过程称为发情周期，从前一次发情开始所间隔的时期称为一个发情周期，牛的发情周期平均为 21 天，范围为 17～24 天。

根据母牛在这一阶段的生殖器官和外部表现，可将发情周期分为以下 4 个时期(图 7-1)。

(1)发情期 指母牛从发情开始到发情结束的时期，也是发情持续期。此期较短，平均 18(6～25)小时。

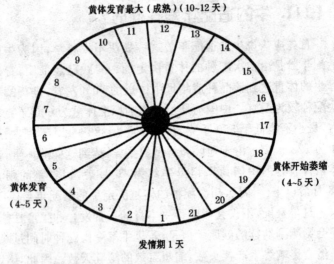

图 7-1 正常发情周期

(2)发情后期 此期母牛变得安静,不再有发情表现。血液中雌激素含量降低,卵巢上出现黄体,孕酮的分泌逐渐增加。这段时间为 3～4 天,此期内约有 90% 育成母牛和 50% 成年母牛从阴道流出少量的血。

(3)休情期 指母牛发情结束后的相对生理静止时期。黄体由逐渐发育转为略有萎缩,孕酮的分泌由增长到逐渐下降。此期为 12～15 天。

(4)发情前期 发情前期是下次发情的准备阶段。随着黄体的逐渐萎缩消失,新的卵泡开始发育,卵巢稍变大,雌激素含量开始增加,生殖器官开始充血,黏膜增生,子宫颈口稍有开放,但尚无性表现。此期持续 1～3 天。

113. 怎样鉴定母牛发情？

准确鉴定母牛发情是提高受配率、受胎率和繁殖率的关键，也是确定最适宜的配种时间的基础。鉴定母牛发情的方法有外表观察法、试情牛鉴定发情法、直肠检查法、阴道检查法、超声波诊断法等，但在生产上应用最多的是外表观察法加直肠检查法。

(1)外表观察法　外表观察法是通过感官发现发情母牛的方法。发情母牛的发情征状包括发情母牛外表兴奋、举动不安；尤其在舍内表现得更为明显，经常哞叫，眼光锐利，感应刺激性提高，岔开后腿，频频排尿，食欲减退，反刍时间减少或停止。在运动场或放牧时，常常三两结对活动，其他牛在发情牛后面嗅发情牛的阴唇，互相爬跨。因此，发情母牛的背腰和尻部有被爬跨所留下的泥土、唾液，有时被毛弄得蓬松不整，特别是尾巴根部被毛直立。被爬跨的牛如发情，则站着不动，并举尾，如果爬跨的时间持续 6 秒以上不动，则认为是发情牛，如不是发情牛则拱背逃走。发情牛爬跨其他牛时，阴门搐动并滴尿，具有公牛交配的动作。发情牛外阴部肿大充血，流出清澈的黏液，随风飘荡，因而在尾上端阴门附近可以看出黏液分泌物的结痂。发情强烈的母牛，体温略有升高（升高0.7℃～1℃），一般牛特别是高产奶牛泌乳量略有下降。

(2)直肠检查法　一般正常发情的母牛外部表现明显，排卵有一定规律。但由于个体间的差异，不同的发情母牛排卵时间可能提前或延迟。为了正确确定母牛发情时子宫和卵巢的变化，在外表观察法基础上，还需对个别特殊的母牛进行直肠检查（简称直检）。

操作方法如下：首先将被检母牛进行安全保定，一般可在

图 7-2　母牛发情征状

1. 兴奋不安　2. 尾根被毛直立　3. 阴道流出黏液
4. 嗅其他牛外阴、尾随　5. 爬跨其他牛或被爬跨

保定架内进行,以确保人、牛安全,如果应用颈枷控制牛群时,可直接在牛舍进行直检。检查者要把指甲剪短磨光,戴上一次性长臂塑料专用手套,涂上润滑剂,液状石蜡是常用的润滑剂,没有润滑剂也可用清洁的水代替,但要注意不能用碱性肥皂代替润滑剂。首先限制牛尾,控制尾巴任意摆动而干扰直检过程,其次用一只手先抚摸肛门,然后将五指并拢成锥状,以缓慢的旋转动作伸入肛门,掏出粪便,再将手伸入肛门,手掌展平,掌心向下,按压抚摸,在骨盆腔底部,可摸到一个长圆形质地较硬的棒状物,即为子宫颈。再向前摸,在正前方向可摸到一个浅沟,即为角间沟。沟的两旁为向前下弯曲的两侧子宫角,沿着子宫角大弯向下稍向外侧,可摸到卵巢。用手指检查子宫形状、粗细、大小、反应以及卵巢上卵泡的发育情况

来判断母牛的发情状况。

发情母牛子宫颈稍大,较软,由于子宫黏膜水肿,子宫角也增大,子宫收缩反应比较明显,子宫角坚实。不发情的母牛,子宫颈细而硬,而子宫角较松弛,触摸不那么明显,收缩反应差。

大型成年母牛的卵巢长 3.5～4 厘米,宽 1.5～2 厘米,厚 2～2.5 厘米。卵巢中的卵泡形状光而圆,发情最大时的直径可以达到 2～2.5 厘米。发情初期卵泡直径为 1.2～1.5 厘米,其表面突出光滑,触摸时略有波动。在排卵前 6～12 小时,由于卵泡液的增加,卵泡紧张度增加,卵巢体积也有所增大。到卵泡破裂前,其质地柔软,波动明显,排卵后,原卵泡处有不光滑的小凹陷,以后就形成黄体。

直肠检查法准确,简单实用,不受牛舍现场条件限制(如电源、光源所限制),除能进行发情鉴定外,也是进行直肠把握子宫颈人工授精法的基础,还能鉴别妊娠月龄、胚胎是否成活等,是一般奶牛场进一步进行发情鉴定的首选方法,其缺点是操作人员长期过劳会引起职业病——肩周炎,这是因为在冬季直肠内外温差过大和操作时间过长引起;另外,如果不戴手套可能会被感染布氏杆菌病等生殖道人兽共患病。

114. 发情母牛最适宜配种时机怎样掌握?

牛的发情持续期为 18 小时左右,初配牛为 15 小时,发情结束后 10～14 小时排卵,精子和卵子受精部位在输卵管壶腹部,卵子从卵巢排出经输卵管伞到壶腹部需 3～6 小时,卵子排出后维持受精能力的时间为 6～10 小时。精子从子宫颈到达输卵管前 1/3 处需 12～13 分钟,精子具有授精能力时间为 15～56 小时,显然精子维持授精能力时间比卵子长,应由精子等待卵子受精最佳,故应在发情后期至发情结束后 3～4 小时前输精最佳。

在生产实践中,准确寻找发情开始或终止是难以做到的,但发情高潮最易观察到,可在发情高潮以后和拒绝爬跨之前第一次输精,在母牛发情终止后 3～4 小时第二次输精,即母牛外阴部肿胀已消失,出现皱褶,拒绝爬跨,直肠检查子宫颈外口已开始收缩,内口还松软,未收缩之时。也可考虑早晨发情(被爬跨不动)下午配,第二天上午再配 1 次。若下午发情则第二天早晨配,下午再配 1 次。

115. 产后母牛的适配时间怎样确定?

保证一年一胎是最理想的选择,即产后 85 天左右受胎。因为:

第一,产犊过程使母牛消耗大量体能,过早配种不利于体能的恢复。

第二,母牛产后需要有一段生殖系统生理恢复的过程,而主要的是要让子宫有一段恢复时间,子宫要恢复到受胎前的大小和位置,这种复原需 12～56 天时间,经产母牛、难产母牛或有产科疾病的母牛,其子宫复原的时间要长。

第三,在产奶高峰到来前配种,会加剧产后能量的负平衡。

第四,过早配种会造成干奶期时间缩短,产后疾病频发,且强制干奶易引发乳房炎。

从母牛产犊到产后第一次发情的间隔时间为 30～72 天。间隔时间的长短与个体、饲料、营养、生产性能、气候、母牛体质等多种因素有关。生产性能高,则间隔时间长,营养差、体质弱的母牛,其间隔的时间也较长。如营养状况好的和营养差的荷斯坦奶牛,产后第一次发情的间隔天数平均分别为54.1天和75.6天。

从保护母牛生殖系统看,一般应在分娩60天以后;从提高受胎率角度看,应在产后第二个或第三个发情周期配种;从达到一年一胎的目标看,产后60天第一次配种,81天左右第二次配种,能达到上述各个方面要求。

116. 怎样选择种公牛的冷冻精液?

冷冻精液人工授精是目前使用最广泛、最实用、对奶牛养殖业影响最大的实用技术。

冷冻精液是利用液态氮或干冰作为冷源(这一低温范围称超低温),将经过特殊处理后的精液冷冻,保存在超低温下以达到长期保存的目的。冷冻精液的实施是人工授精技术的一项重大革新。

对于奶牛场来说,提高产奶量、牛奶品质和使固定资产增值,是提高牛场现实和长远经济效益的手段。什么是奶牛场最重要的固定资产呢?奶牛场的固定资产既不是牛舍也不是挤奶厅等牛场建筑,因为这些建筑在使用多年后总是要逐年折旧抵尽的,应该是所占土地和牛群,土地不仅有本身的价值,而且可能还会增值,那是可以看得见的,而最重要的固定资产是牛群。奶牛群遗传品质的不断提高和扩群是使奶牛群固定资产增值的具体表现。如何才能提高奶牛群的遗传品质呢?答案是正确选择种公牛的冷冻精液。

我国国内种公牛站所生产的冻精,其种公牛一般都是从发达国家通过活体引进,或者通过购买国外高育种值胚胎自行生产,这些种公牛都是世界名牛后代,如黑星、空中之星、鲁道夫、荷兰小子、格兰特、杰克豹等,这些种公牛有的经过后裔测定,有的没有,经过后裔测定的种公牛有时叫验证公牛,否则叫未验证公牛。由于未验证公牛对遗传性状的遗传改良性能难以准确定量,只能通过追查其父亲的性能表现大概判断名牛的孙女们的生产性能,一般不建议选择。最好选择验证公牛的精液,根据验证公牛的总育种值、产奶量、乳脂率、乳蛋白率、体细胞评分、产奶寿命等综合评定结果作选择。同时还要避免高近交关系造成的危害,这样不仅可以迅速提高牛群的遗传品质,而且也是最经济有效的途径。不过,尽管种公牛的冷冻精液作用很大,但发挥显著效益的时间在 3 年以后,而且是累加的。

117. 怎样正确进行输精操作?

直肠把握子宫颈输精技术的操作方法如下。

第一,精液的解冻。如果使用的是细管冷冻精液,把细管从液氮罐中取出立即投入洁净的水中解冻,然后取出,用 75%酒精把剪口端消毒,剪去细管塞,装入专用输精枪中立即给母牛输精。取精液时,只允许把装精液的提斗提到液氮罐口,用镊子迅速夹出精液细管,立即把提斗沉回液氮中(图 7-3)。

如果为颗粒冷冻精液,可用 2.9%柠檬酸钠溶液为解冻液。最简单的是采取室温温度,把一颗冷冻精液投入盛有 1 毫升解冻液中迅速摇晃至颗粒全部融化为止。

第二,吸入精液的输精枪在输精前(前往牛舍或输精室过程中)须避光、防尘和保温保存(图 7-4)。

第三,把母牛保定好之后(可在六柱栏中),或直接在牛舍中,由助手徒手保定。

第四,事先把左手指甲剪短并磨光,戴好一次性塑料手套,上面涂抹润滑剂或洒上些水,侧面站在牛体后面,先用手

图 7-3　从液氮罐取细管冷冻
　　　 精液和保温保护

图 7-4　输精枪避光、防尘

抚摸肛门，五指并拢成锥状（四指把大拇指包围），右手抓住尾巴，左手一边旋转，一边加压力，以缓慢旋转的动作进入直肠内。

　　第五，在伸进直肠的过程中，如果遇到努责，不能强行伸入，可通过左手轻轻拍打母牛臀部转移牛的注意力再进行，并随牛的摆动而摆动。

　　第六，把直肠粪便掏净，然后用洁净的水洗去阴门外粪便，也可用一次性纸巾清除。

　　第七，用手腕连同手掌轻压直肠，使阴唇张开，用右手持输精器以 30°角度（与水平面）通过阴唇插入阴道，直到输精枪前端顶住阴道上壁后，使输精枪水平伸向子宫颈口后暂停。

　　第八，左手掌心向下，展开五指，轻轻向前伸展并向下按摸，当找到类似"鸡脖子"状软骨时，即是子宫颈。

　　第九，拇指和其他四指分开，轻轻把握住子宫颈后端（子宫颈阴道部），使子宫颈后端左右侧阴道壁与子宫颈阴道部紧贴，以免输精管误插到阴道穹窿。

第十,两手配合,引导输精管插入子宫颈口,左手稍延伸,把住子宫颈中部,两手配合,使输精管越过数个皱襞轮在子宫颈 2/3～3/4 处把精液输入。

第十一,约 6 秒钟时间把精液注入子宫颈,左手按摩子宫颈后,然后轻快地抽回输精管,输精完毕。这种方法就是直肠把握(子宫颈)输精法。

第十二,把输精枪中的残留精液置于载玻片上,在显微镜下观察精液的活率等,当发现精液不合格时,须及时补输,重复以上操作,直至合格为止。

输精时应注意以下事项。

每一头待输精的牛应准备一支输精管,禁止用未消毒的输精管连续给几头母牛输精;输精管应加热到与精液同样的温度;吸取精液后要防尘、保温、防日光照射,可用消毒纱布包裹或消毒塑料管套住,插入工作衣内或衣服夹层内保护;输精母牛暴跳不安,有反抗行为时,可通过刷拭、拍打尻部、背腰等安抚,不能鞭打或粗暴对待,强行输精;输精员的操作应和母牛体躯摆动相配合,以免输精管断裂及损伤阴道和子宫内膜;寻找输精部位时,严防将子宫颈后拉,或将输精管用力乱捅,以免引起子宫颈出血;少数胎次较高的母牛有子宫下沉现象时,允许将子宫颈上提至输精管水平,输精后再放下去;青年牛的子宫颈较细,不易寻找,输精管也不宜插入子宫颈太深,但要增加输精量;及时发现和治疗生殖道疾病,以免延误治疗造成严重后果。

118. 奶牛的妊娠期是多长? 怎样推算预产期?

妊娠是母牛的特殊生理状态,是由受精卵开始,经过发育一直到成熟胎儿产出为止,所经历的这段时间称为妊娠期。奶牛的妊娠期平均为282(276~290)天。妊娠期的长短受品种、个体、年龄、季节以及饲养管理条件等多种因素的影响。一般早熟品种比晚熟品种短,怀母犊比怀公犊少1天左右,怀双胎比怀单胎少3~7天,育成母牛的妊娠期比成母牛短1天左右,夏、秋分娩的比冬、春分娩的平均短3天。

母牛经检查判定妊娠后,为了做好生产安排和分娩前的准备工作,必须精确地算出母牛的预产期。母牛预产期的推算方法,有查表法和公式推算法等。用公式推算法一般是将配种月份减3(不够减时则先加12)或加9,日数加6,即得预计的分娩日期。

例1:某牛2008年7月22日配种,则其预产期为7−3=4(月),22+6=28(日),即2009年4月28日产犊。

例2:某牛2008年1月30日配种,则其预产期推算如下:1+9=10(月),30+6=36(日),因36超过1个月的日数,则将日数减去30,月份加1,其预产期为2008年11月6日。

119. 妊娠诊断方法有哪些?

为了及时掌握母牛输精后妊娠与否,有必要定期进行妊娠检查,这对提高牛群繁殖率,减少空怀和降低饲养成本具有极为重要的意义。经过妊娠检查,对没有受胎的母牛,应及时继续进行配种;对已受胎的母牛,须加强饲养管理,做好保胎工作。

母牛妊娠后,外表和内部均发生一系列变化,外表如母牛不再发情、动作稳重、膘情转好、腹围增大等,但妊娠诊断一般指根据内部变化的情况、特征进行的妊娠诊断。通常妊娠检查的方法有:直肠检查法、阴道检查法、孕酮水平测定法、子宫颈口黏液电泳法和超声波检查(B超检查)法。

直肠检查法是判断母牛是否妊娠最基本和较可靠的方法,在妊娠 2 个月左右,可以做出准确判断。它虽然有费体力及天冷时操作不便和可能遗留职业病的缺点,但由于其结果准确,所需条件设备简单,在整个妊娠期间均可应用,并可以判定妊娠的大致月份、是否为假发情和假妊娠、是否有生殖器官疾病以及胎儿的死活,故在生产上得到广泛的应用。另一种值得推荐和使用的方法是超声波检查,它比直肠检查法更安全和更准确,在妊娠 60 天还可以进行胎儿性别鉴定,但缺点是仪器成本高,会加大中小型牛场生产成本。

其他方法如阴道检查法和子宫颈口黏液电泳法由于不安全,易引起流产;孕酮水平测定法准确度不高,都没有在生产上得到应用。

120. 奶牛的分娩征兆是什么?

奶牛什么时间产犊首先要根据配种员记录的最后 1 次配种时间来推算预产期,根据预产期对即将产犊母牛做好接产和助产工作不但有利于提高初生犊的成活率,而且能有效保护母牛生殖道的健康。但不是所有奶牛都能按期产犊,提前或推后几天属于正常生理现象,因此,了解奶牛的分娩征兆就能赢得接产或助产的准备时间。

母牛临产前 4 周体温逐渐升高,在分娩前 7~8 天高达 39℃~39.5℃,但在分娩前 12~15 小时体温又下降 0.4℃~1.2℃。母牛乳房在产前 2~4 周左右迅速发育,并呈现水肿。分娩前 1~2 周荐坐韧带软化,产前 24~48 小时,荐坐韧带松弛,尾根两侧凹陷,特别是经产母牛下陷更甚。在分娩前 1 周母牛的阴唇开始逐渐松弛,肿胀(为平时的 2~6 倍)皱纹逐渐展平。阴道黏膜潮红，黏液由浓稠变为稀薄。子宫颈肿胀松软，子宫塞溶化变成透明的黏液，由阴道流出，此现象多见于分娩前 1～2 天，在行动上母牛表现为行动困难，起立不安，尾高举，回顾腹部，常有排粪、排尿动作，食欲减退或停止。此时应有专人看护，做好接产和助产的准备。

121. 奶牛的分娩过程是怎样的？

母牛分娩的持续时间，从子宫颈开口到胎儿产出，平均为 9 小时，这段时间内必须加强对母牛的护理。母牛的分娩过程可分为 3 个时期。

(1)开口期　此期母牛表现不安，喜欢在比较安静的地方，子宫颈管逐渐张开，且与阴道之间的界限消失。开始阵痛时(子宫收缩)比较微弱，时间短，间歇长，随着分娩过程的发展，阵痛加剧，间歇时间由长变短，腹部有轻微努责，使胎膜和胎水不断后移进入子宫颈管，有时部分进入产道。母牛开口期平均为 2～6 小时(1～12 小时)。

(2)产出期　母牛兴奋不安，时卧时起，拱背努责。子宫颈口完全张开，由于胎儿进入产道的刺激，使子宫、腹壁与横膈膜发生强烈收缩，收缩时间长，间歇时间更短，经过多次努责，胎囊由阴门露出。在羊膜破裂后，胎儿前肢或唇部开始露出，再经强烈努责后，将胎儿产出。此期需 0.5～3 小时，经产牛比初产牛短。如双胎则在产后 20～120 分钟产出第二个胎儿。

(3)胎衣排出期　胎儿排出后，子宫还在继续收缩，同时伴有轻微的努责，将胎衣排出。牛的母仔胎盘粘连较紧密，在子宫收缩时胎盘处不易脱落，因此胎衣排出的时间较长，一般为 5～8 小时，最长不超过 12 小时，否则按胎衣不下处理。

122. 怎样判断母牛是否需要助产?

母牛分娩是一种生理现象,自然产犊可以保障母牛生殖道正常生殖功能,因此应提倡自然分娩,助产的主要任务是护理初生犊,但在特殊情况下则需要助产。

母牛在分娩过程中的分娩动力是子宫肌和腹肌的强烈收缩,子宫肌的收缩叫阵缩,常引起母牛阵痛,这种收缩具有间歇性,即收缩是一阵一阵的,这对防止胎儿因子宫肌持续收缩缺乏氧气供给引起窒息是非常重要的,腹肌和膈肌的收缩叫做努责,是随意收缩和伴随阵缩进行,当处于开口期时,阵缩约每 15 分钟收缩 1 次,每次持续 20 分钟左右,之后,收缩频率、强度和持续时间逐渐增加,间歇时间逐渐缩短,直至每几分钟收缩 1 次,这是正常分娩的征兆,但如果持续一段时间没有产出犊牛,收缩频率、强度和持续时间又逐渐减少,间歇时间逐渐增加,这是需要助产的征兆之一。胎位不正、骨盆过窄等也需要助产。

一般情况下,下列牛都要特别注意助产:头胎牛、骨盆部比较小的母牛、胎向是纵尾向的牛(倒生牛,即胎儿尾部先露出产道的)、没有运动场而全天拴系的母牛、特别肥胖的母牛。

123. 怎样进行助产?

要固定专人进行助产,产房内昼夜均有人值班。如发现母牛有分娩征兆,助产者可用 0.1%～0.2%高锰酸钾温水溶液或 1%～2%煤酚皂溶液,洗涤外阴部和臀部附近,并用毛巾擦干,铺好清洁的垫草。牛的分娩正常时一般任其自然产出,必要时再进行助产。助产的方法及原则如下。

第一,母牛进入产房前应消毒,分娩前尽可能再消毒 1 次。

第二，助产者要穿工作服、剪磨指甲、准备好酒精、碘酒、镊子、药棉及产科绳子等。助产器械均应严格消毒，以防病菌带入子宫内，造成生殖系统疾病。

第三，母牛产犊时应左侧卧地。

第四，当胎膜已经露出时，人再过去观察是否助产。

第五，当不能及时产出时，应注意检查胎儿的方向、位置和姿势。如矫正胎儿异位时，须将胎儿推回子宫内进行，推回胎儿要在母牛努责间歇期进行。

第六，如果是倒生，当后肢露出，就要及时助产，因为当胎儿腹部进入产道时，脐带容易被压在骨盆上。如停留过久，胎儿可能会窒息而死。

第七，当胎儿前肢和头部露出阴门时，而羊膜仍未破裂，可将羊膜扯破，并将胎儿口腔、鼻周围的黏膜擦净，以便胎儿呼吸。

第八，当破水过早、产道干燥或狭窄而胎儿过大时，可向阴道内灌入液状石蜡或植物油润滑产道，便于拉出。

第九，如母牛努责无力，需要拉出胎儿时，应配合母牛的努责进行，并注意胎儿与产道间的关系，保护好阴门及会阴部，应有人用双手捂住阴门，以防撕裂。

第十，通过以上方法解决不了时，施行扩张产道术，就是在阴唇左右两侧各切开1.5～2厘米切口，助产后再处理。

第十一，碎胎术（舍仔保母）。

第十二，难产的最后办法——剖宫产。

第十三，绝大部分情况下，从经济角度考虑，强烈建议放弃碎胎术和剖宫产方法。

第十四，禁止用拖拉机助产。

第十五，应配合母牛的努责进行助产，禁止野蛮接产。

第十六，产出第一个犊牛后，再等待 30 分钟后离开，母牛有可能产双胞胎。

第十七，在胎儿产出 5～6 小时后应注意胎衣排出情况，仔细观察完整情况，如胎儿产出后 12 小时以上胎衣尚未完全排出，应请兽医处理。

124. 分娩后母牛的生殖器官怎样护理？

第一，对母牛外阴部、尾根部进行消毒，保持周围环境清洁、干燥和每周消毒 1 次，防止产褥病的发生。

第二，检查胎衣的排出情况和完整程度，以便及时处理。

第三，产后 2 周通过直肠检查判断子宫恢复情况，即子宫大小和形状是否恢复到妊娠前的情况，如果发现炎症应及时治疗，以免影响产后发情和受胎。

第四，各种原因引起难产而实施过人工助产、胎衣不下或子宫内膜炎的牛是护理重点。

125. 怎样根据母牛繁殖力的指标考核人工授精员？

人工授精员的任务繁多且很重要，详见人工授精员职责。母牛繁殖力的指标主要有以下几种。

(1)受配率 指一定时期内某地区或群体受配母牛数与所有适繁母牛数之比。可反映繁殖母牛的发情、配种及管理状况，一般在 80％以上。

$$受配率（\%）=\frac{年内受配母牛数}{年内存栏适繁母牛数}\times100\%$$

(2)受胎率 用来比较不同繁殖措施或不同畜群受胎能力的繁殖力指标。一般用情期受胎率和总受胎率表示。情期受胎率是指在一个情期内受胎母牛数与受配母牛数之比。总受胎率是指最终受胎母牛数占配种母牛数的百分比,一般在95%以上。

$$情期受胎率(\%)=\frac{一个情期内受胎母牛数}{一个情期内受配母牛数}\times100\%$$

$$总受胎率(\%)=\frac{年内总受胎母牛数}{年内受配母牛数}\times100\%$$

(3)产犊率　衡量繁殖力的综合指标,反映牛群增殖效率,指本年度内出生的犊牛数占上年度末成年母牛数的百分比,一般在90%以上。

$$产犊率(\%)=\frac{本年度出生犊牛总数}{上年度末成年母牛数}\times100\%$$

(4)每次受胎的配种次数　即输精次数,一般低于1.6次。

$$每次受胎配种次数=\frac{总配种次数}{犊牛总数}$$

(5)平均产犊间隔　指母牛两次产犊所间隔的天数,反映不同牛群的繁殖效率,一般在13个月以下。

$$平均产犊间隔(月)=\frac{总个体产犊间隔}{产犊母牛总数}$$

(6)繁殖障碍率　指有繁殖障碍的牛占应繁母牛头数的百分比,牛群中有繁殖障碍的个体不应超过10%。

(7)复情率　牛群中有70%的个体在产后60天内出现发情。

126. 提高繁殖成活率的措施有哪些?

通过科学的饲养管理,使母牛处于最佳繁殖状态,采用综合措施,努力提高母牛的繁殖力,实现多产犊、多成活,获得更多更好的牛产品。

(1)加强母牛的饲养管理　饲料的营养对母牛的发情、配种、受胎以及犊牛的成活起着决定性作用。能量、蛋白质、矿物质和维生素对母牛的繁殖力影响最大。营养不足会延迟青年母牛初情期和初配年龄,对成年母牛也会造成发情抑制、发情不规律、排卵率降低,甚至会增加早期胚胎死亡、流产、死产、弱胎、分娩困难、胎衣不下及产后瘫痪等;同时,会影响公牛精子的生成,导致精液质量下降,授精能力低下。在饲养上要尽量满足公、母牛对各种营养物质的需要。尤其是母牛,五成膘以下很少发情,六成膘受配率可达 70%、受胎率 72%,七成膘分别为 75% 和 78%,八成膘分别为 78% 和 80%。同时,应注意营养物质的平衡,如钙、磷比不适时,会引起钙或磷的缺乏症,一般日粮中钙、磷比为 1.5～2∶1,过大会造成钙吸收困难,要避免营养水平太高,过度肥胖对繁殖公牛和母牛都很不利,过肥会导致母牛卵巢脂肪变性,影响滤泡成熟和排卵,公牛则会引起睾丸功能退化等。

在管理上,首先搞好清群,淘汰劣质母牛。其次必须改善牛群结构,增加适繁母牛比例。使牛群在生产与增殖方面达到一定比例,一般养牛发达国家母牛比例多在 50% 以上,我国较低。牛舍应经常保持清洁、干燥,母牛在妊娠期间要防止惊吓、鞭打、滑跌、争斗等,特别对有流产史的孕牛,必要时应采取保护措施,如服用保胎药物或注射黄体酮等。应让孕牛常晒太阳,注意牛舍保暖和通气,促进母牛正常发情。要求母牛有充分的运动,尤其是妊娠期母牛,适当运动可以调整胎位,避免难产。

(2)提高公牛精液质量　种公牛的精液品质对提高繁殖率很重要,包括射精量、颜色、活力、密度、精子畸形率等。正常情况下,牛的射精量为 5～8 毫升,精液为淡灰色及微黄色。活力是指精液中直线运动精子所占全部精子的百分数,如100%为直线运动则评为 1 分,90%则评为 0.9 分,依此类推。精子密度指精液中精子数量的多少。按国家标准冷冻精液解冻后,精子活力应为 0.3 以上,稀释后活力在 0.4～0.5。每份精液含有效精子 1 000 万个以上,畸形率不超过 17%。由此可知,种公牛的饲养十分重要,种公牛的营养应全价而平衡,要求饲料多样配合,易消化,适口性好。同时,应加强种公牛的运动和肢蹄护理,使种公牛有良好体况和充沛精力。严格遵守规程要求进行精液处理和冻精制作,注意冻精颗粒(或细管冻精)分发和运送各个环节,才能保证精液质量。

(3)适时输精 牛发情期比其他畜种短,平均仅 15～20小时。排卵则多在发情结束后 10～15 小时。距发情开始约30 小时。一般认为,母牛发情盛期稍后到发情末期或接受爬跨再过 6～8 小时是输精的适宜时间。在生产中如发现母牛早晨接受爬跨则下午输精 1 次,次日清晨再输精 1 次。下午接受爬跨的,次日早晨第一次输精,隔 8 小时再输精 1 次。

(4)熟练掌握输精技术 用直肠把握输精法必须掌握"适深、慢插、轻注、缓出、防止精液倒流"的技术要领。单纯追求输精头数达不到受精率高的目的,输精员的水平高低影响较大。输精员动作柔和,有利于母牛分泌促性腺激素,增强子宫活动,有利于受胎。

(5)及时检查和治疗不发情的母牛 母牛长期不发情或隐性发情,会造成受配率低,其大多数与营养有关。出现这种情况,应调整母牛的营养水平,这是促进发情的基础。同时,利用人工催情的办法也会取得一定的效果。

使用激素催情前,首先清楚牛的营养是否平衡(尤其是磷的平衡）；其次牛应为中等膘情；再次是发情周期近于情前期。

(6)积极治疗由疾病引起的不孕 牛产犊后10～12天应排完恶露，阴道流出正常液体，如在分娩15～20天依旧恶露不止，即可认为不正常甚至发生子宫内膜炎，应冲洗治疗使脓液排出，一般4～6次可使子宫恢复。卵巢疾患多为持久黄体和排卵静止，可用激光疗法或诱发疗法。

应在加强饲养管理的基础上，针对各种疾病及时治疗。

(7)应用激光提高母牛受胎率 据报道，对正常发情母牛进行激光照射可提高受胎率，通过激光照射可治疗牛的卵巢囊肿、卵巢静止、持久黄体及慢性子宫炎等疾病，从而提高母牛受胎率。但此法仍处于摸索阶段。其基础应建立在正常营养上。

(8)做好妊娠牛的保胎工作 胎儿在妊娠中途死亡，子宫突然发生异常收缩，或母体内生殖激素紊乱都会造成流产，要做好保胎工作，保证胎儿正常发育和安全分娩。

母牛妊娠2个月内胚胎呈游离状态，逐渐完成着床过程，胎儿主要依靠子宫内膜分泌的子宫乳作为营养，此期营养过低，饲料质量低劣，子宫乳分泌不足，会影响胚胎发育，甚至造成胚胎死亡或流产，即使犊牛产出，体重也很小，发育不好，易死亡。营养中主要是蛋白质、矿物质和维生素，特别在冬季枯草期。维生素A缺乏时，子宫黏膜和绒毛膜的上皮细胞发生变化，妨碍营养物质交流，母仔易分离。维生素E缺乏，常导致胎儿死亡。钙、磷不足，会动用母牛骨组织中的钙、磷以供胎儿需要，时间长易造成母牛产前或产后瘫痪。因此，应注意补充矿物质；不饲喂腐败变质饲料及冰冻饲草料和饮用冰水。避免妊娠母牛受惊、被殴、角斗、摔跌等造成的流产、早产。

(9)加强犊牛培育 犊牛出生后要抓紧使幼犊吃上初乳，

以增强犊牛对疾病的抵抗力。早期补料可促进犊牛前胃发育,促进生长发育。保证犊牛有充足清洁的饮水。犊牛应避免卧于冷、湿地面和采食不干净食物,以防腹泻。

127. 什么是同期发情?

同期发情就是对一群母牛用某种激素或药物来改变它们自然发情周期的进程,人为地控制在一定时间内集中发情,就是同期发情。现行的同期发情技术有两种途径,一种是向一群待处理的母牛同时施用孕激素,抑制卵巢中卵泡的生长发育和发情,经过一定时期同时停药,随之引起同时发情。这种情况实际上是造成了人为的黄体期,延长了发情周期。另一种途径是利用性质完全不同的另一类激素(如前列腺素),使黄体溶解,中断黄体期,降低孕酮水平,从而促进脑垂体促性腺激素的分泌,引起发情。这种情况实际上是缩短了发情周期。其优点是能使养牛生产做到有计划地集中安排牛群的人工授精、配种和产犊,可以节约时间,节省劳力,提高工作效率;减少空怀率,提高繁殖率;有利于开展受精卵的移植等。

128. 什么是超数排卵?

所谓超数排卵,是指在母牛发情周期的适当时间注射生殖激素,使卵巢有较多的卵泡发育并排卵。其目的在于提高单胎家畜(如绵羊、山羊、奶牛等)的繁殖率和为胚胎移植进行的超数排卵。用于排卵控制的生殖激素有两类:促卵泡素(FSH)及与其活性相似的激素,如孕马血清促性腺激素(PMSG),此类激素可刺激卵泡发育,增加排卵数;促黄体素(LH)及与其活性相似的激素,如人绒毛膜促性腺激素(HCG),此类激素可以用来调节排卵时间。

129. 什么是胚胎移植?

胚胎移植的含义是将良种母牛的早期胚胎取出,或者是由体外受精及其他方式获得的胚胎,移植于同种的生理状态相同的母牛体内,使之继续发育成为新个体。提供胚胎的母牛称为供体牛,接受胚胎的母牛为受体牛。胚胎移植俗称借腹怀胎。胚胎移植后代的遗传特性取决于胚胎的双亲,受体母牛对后代的生产性能影响很小。

130. 什么是性别控制精液?

在授精之前对精子进行有目的地选择——即将 X 精子和 Y 精子分离,就是性别控制精液,是实现性别控制最理想的途径。以 X 精子和 Y 精子 DNA 含量存在差异的原理,应用流式细胞仪分离 X 精子和 Y 精子,目前经分离的 X 精子和 Y 精子(性控精液)已在畜牧(特别是奶牛)生产上得到了应用。

八、牛场建筑

131. 场址选择应遵循什么原则？

场址是牛生活和生产的地方，对场址选择的原则是首先必须保证牛的生物安全性，即保证不被同属或其他动物引发疾病；有利于环境保护和生态建设；有利于提高牛的生产性能、抗病力和适应性；符合牛的生理特点和生活习性，如喜欢凉爽气候和需要大量粗饲料等；在满足需要的基础上，本着节约用地与最大限度地发挥当地资源优势和人力优势原则选择场址；既考虑现在的资金状况，也必须着眼长远发展的潜力，最终取得最大的经济利益。

132. 场址应怎样选择？

根据场址选择原则，在选择场址时应考虑如下几点。

第一，牛是反刍动物，可将人类和其他单胃动物所不能利用的农副产品转化为牛肉、牛奶等畜产品，减少焚烧或任之腐败造成的环境污染，对维持大自然的生态平衡具有一定的作用。但牛场是一个生产场所，其中的一些废弃物如果处置不当也会造成污染，为了保护人类赖以生存的环境，最大限度地降低污染，尽可能减少由此对人类造成的危害，避免人兽共患病的交叉传播，是选择场址时处理牛场与居民点关系的出发点。牛场与居民点要避免相互干扰，尤其注意牛场对村庄的环境污染和居民垃圾（塑料薄膜及包装袋等）对牛的危害，以及生活噪声对牛休息的影响。牛场应在居民点的旁边，下风头,距村庄住宅区150～300米,并在径流的下方向,离河流远些,以免粪尿污水污染河流和水源,地势要稍低于村庄。

第二,牛场场址要干燥,高于河岸,以免雨季被河流、山洪淹没。地下水位要在2米以下,即青贮坑和地窖底部高于地下水位0.5米以下。

第三,地势平坦而稍有坡度,以便排水,防止积水和泥泞。地面坡度以1%～3%较为理想,最大坡度不得超过25%,总坡度应与水流方向相同。但山区地形变化大时,可酌情而定。

第四,要有充足的、符合人畜卫生标准的水源,以保证生活、生产及防火等用水。

第五,土质最好是透气渗水性强的沙壤土。

第六,场址应符合兽医卫生要求,牛场周围没有毁灭性的家畜传染病源(如在旧鸡场、旧猪场场址上新建)。

第七,便利的交通是牛场对外进行物资交流的必要条件,但在距公路、铁路、飞机跑道过近时建场,交通工具所产生的噪声会影响牛的休息与消化,人流、物流频繁过往也易传染疾病,所以牛场应选择距主要交通干线500米以上,距一般交通线200米,便于防疫。奶牛场应远离飞机场、主要铁路等噪声大的厂矿和污染严重的化工厂、屠宰厂、制革厂、炼焦厂等。

第八,奶牛场还需考虑周围5千米半径内的饲草资源,以决定牛场的规模。

133. 怎样选择牛场的地形和地势?

地形指场地形状和场地内起伏的状况。牛场地形要开阔整齐,理想的是长方形或正方形,不可过于狭长和边角太多,狭长的场地不仅不利于牛场建筑科学布局,也不利于生产的安排,同时增加牛场防护设施的投资,增加卫生防疫的难度。

修建牛场要选择地势高燥、平坦,有适当坡度,排水良好,背风向阳,地下水位低的场所。这样的场地可保持环境干燥,阳光充足,有利于牛只的生长发育,有利于人、畜的防疫。低洼潮湿的场地因为阴冷和通风不良,影响牛的体温调节、肢蹄健康,还容易滋生蚊、蝇和病原微生物,对牛体健康带来危害。

山区地形地势复杂,变化较大,可酌情而定。

134. 牛场场址对土壤有何要求?

场址土质关系到牛舍建筑的牢固性和牛体的健康。沙土的透水透气性好,吸湿性差,有利于土质的净化,土质也干燥,不利于微生物的生存,对牛体健康有利,但沙土的导热性大,热容量小,昼夜温差大,对牛体健康有不利的一面。黏土与沙土基本相反,不利于建牛舍。沙壤土的透气透水性好,持水性小,导热性小,热容量大,地温稳定,有利于牛体健康。由于其抗压性好,膨胀性小,适于建筑牛舍。因此,沙壤土是理想的建场土壤。

牛场土壤的环境质量标准见表8-1。

表 8-1　奶牛场土壤环境质量标准　(单位:毫克/千克)

项　目		pH<6.5	pH6.5~7.5	pH>7.5
镉 ≤		0.30	0.60	1.0
汞 ≤		0.30	0.50	1.0
砷	水田 ≤	30	25	20
	旱地 ≤	40	30	25
铜	农田等 ≤	50	100	100
	果园 ≤	150	200	200

项　目	pH<6.5	pH6.5~7.5	pH>7.5
铅　≤	250	300	350
铬　水田 ≤	250	300	350
旱地 ≤	150	200	250
锌　≤	200	250	300
镍　≤	40	50	60
六六六 ≤		0.50	
滴滴涕 ≤		0.50	

注：重金属和砷均按元素量计,适用于阳离子交换量>5 厘摩（＋）/千克的土壤,若≤5 厘摩（＋）/千克,其标准值为表内数值的半数；六六六为四种异构体总量,滴滴涕为四种衍生物总量；水旱轮作地的土壤环境质量标准,砷采用水田值,铬采用旱地值

135. 奶牛场对水有什么要求?

奶牛场用水量大,稳定、充裕、可靠的水源是牛场生产和加工立足的根本。水源的水量要充足,既能满足牛场人、畜饮用和其他生产、生活用水,还要考虑防火需要。水质必须达到饮用水标准。

一般奶牛用水平均每头成年牛当量为 85 升/日左右,生产用水 20 升/日左右（挤奶、加工饲草料等）,犊牛头均 12 升/日,育成牛和青年牛头均 24~30 升/日,人生活用水为 20~30 升/日。

生产用水:挤奶厅或挤奶、制作青贮、种植饲料等。

其他用水:绿化等。

水质的要求见表 8-2 和表 8-3,如果进行乳品加工,见表 8-4。

表 8-2　畜禽饮用水中农药限量指标　(单位:毫克/升)

项　目	限　值	项　目	限　值
马拉硫磷	0.25	林　丹	0.004
内吸磷	0.03	百菌清	0.01
甲基对硫磷	0.02	甲萘威	0.05
对硫磷	0.003	2,4-滴	0.1
乐　果	0.08		

表 8-3　畜禽饮用水水质标准

项　目		标准值
感官性状及一般化学指标	色(°)	色度不超过 30
	浑浊度(°)	不超过 20
	臭和味	不得有异臭、异味
	肉眼可见物	不得含有
	总硬度(以 $CaCO_3$ 计,毫克/升)	≤1500
	pH	5.5~9
	溶解性总固体(毫克/升)	≤4000
	氯化物(Cl^- 计,毫克/升)	≤1000
	硫酸盐(SO_4^{2-} 计,毫克/升)	≤500
细菌学指标	总大肠菌群(个/升)	成年畜 100,幼畜 10

项 目		标准值
毒理学指标	氟化物(以 F⁻ 计,毫克/升)	≤2.0
	氰化物(毫克/升)	≤0.2
	总砷(毫克/升)	≤0.2
	总汞(毫克/升)	≤0.01
	铅(毫克/升)	≤0.1
	铬(六价,毫克/升)	≤0.1
	镉(毫克/升)	≤0.05
	硝酸盐(以 N 计,毫克/升)	≤30

表 8-4　畜禽产品加工用水

指 标		卫生要求
感官和一般化学指标	色	色度不得超过 20°,并不得呈现其他异色
	浑浊度	不得超过 10°
	嗅和味	不得有异臭、异味
	肉眼可见物	不得含有
	总硬度 (以 CaCO₃ 计,毫克/升)	≤550

指 标		卫生要求
毒理学指标	氟化物(毫克/升)	≤1.2
	氰化物(毫克/升)	≤0.05
	总砷(毫克/升)	≤0.05
	总汞(毫克/升)	≤0.001
	总铅(毫克/升)	≤0.05
	铬(六价,毫克/升)	≤0.05
	总镉(毫克/升)	≤0.01
	硝酸盐(以 N 计,毫克/升)	≤20
微生物指标	总大肠菌群(个/100 毫升)	≤10
	粪大肠菌群(个/100 毫升)	≤0

136. 牛场场址选择怎样考虑饲草、料的来源?

饲草、料的来源,尤其是粗饲料来源决定着牛场的规模。一般应考虑 5 千米半径内的饲草料资源,距离太远时,因为运草效率低会使开支加大,经济不合算,根据有效范围内年产各种饲草、秸秆总量,减去原有草食家畜消耗量,剩余的富余量便可决定牛场规模。粗饲料产量见表 8-5。

表 8-5　粗饲料年产量　（风干物,千克/667 米²）

种 类	子实产量	秸秆产量
玉 米	300	450～500
高 粱	600	700～900
谷 子	300	400～450
麦 类	300	300～350
水 稻	400	400～450
豆 类	200	200～250

如果粗饲料全部为干草时,每头成年母牛年需 3 500 千克。1 千克干草顶替 3～5 千克青贮饲料或青干草。育成母牛和青年母牛按成年母牛的 50%～60% 计算;犊牛干草按每头每天 1.5 千克计算。

137. 奶牛场怎样规划?

奶牛场的规划应本着因地制宜和科学管理的原则,以整齐、紧凑、提高土地利用率和节约基建投资、经济耐用,有利于生产管理和便于防疫为目标。做到各类建筑按照现代化生产合理布局,符合远景发展规划;符合牛的生物学特性和饲养管理技术要求;交通、水、电方便使用,以便运输草料和牛粪及适应机械化操作要求;最大限度地利用当地资源;符合卫生防疫、现代环保和防火要求,并尽可能兼顾美观和功能的统一效果。

138. 牛场应怎样平面布局?

牛场内部根据片区职能不同,划分为行政管理区、职工生活区、生产作业区等(图 8-1)。

(1)职工生活区 应处于上风向和地势较高的地段,下风向依次为行政管理区和生产作业区,这样配置使奶牛场产生的不良气味、噪声、粪尿和污水,不致因风向与地势而污染居民生活环境,以及人兽共患疫病的相互影响,同时也可防止无关人员乱串而影响防疫。

(2)行政管理区 是牛场的经营活动与社会有密切联系的地方,应靠近场门,便于与外界联系。在规划这个区的位置时,应有效利用原有的道路和输电线路,充分考虑饲料和生产资料的供应、产品的销售等。由于产供销的运输与社会联系频繁,为了防止疫病传播,场外运输车辆(包括牲畜)严禁进入生产区。汽车库应设在管理区。除饲料外,其他仓库也应设在管理区。管理区与生产区应隔离,外来人员只能在管理区活动,不得进入生产区,故应通过规划布局以采用相应的措施加以保证。

(3)生产作业区 包括养殖区、饲草料加工贮存区、贮粪区、兽医小区等,为便于防疫和防止污染,应与行政管理区、职工生活区隔离开,设在下风向。

对生产区的规划布局应给予全面细致的考虑。奶牛舍应根据牛的生理特点、生理阶段进行分群、分舍饲养,并按需要设运动场。

第一,成年奶牛区应靠近挤奶厅、鲜奶处理室,便于出入挤奶厅和鲜奶的加工运输,挤奶厅和成年奶牛舍的牛行通道不能穿越场区内主要的净道,即应该和挤奶厅在同侧。挤奶厅一般在生产作业区内靠近办公区一侧,便于奶罐车取送奶,最重要的是防止传播疫病。

第二,犊牛区要优先安排在生产作业区的上风向,环境条件最好的地段,这样有利于犊牛的健康和培育。

第三,育成牛、青年牛区要优先安排在成年奶牛舍上风向,以便卫生隔离。

第四,产房安排在下风向,且要求靠近犊牛舍,是易于传播疾病的场所,必要时需隔离。

第五,兽医室和隔离区在生产作业区的下风向和低地势处,并与牛舍保持一定的距离。

第六,饲料的供应、贮存、加工调制是奶牛场的重要组成部分,与之有关的建筑物位置的确定,必须同时兼顾饲料由场外运入,再运到奶牛舍进行分发这两个环节。与饲料运输有关的建筑物,原则上应规划在地势较高处,并应保证防疫卫生安全。

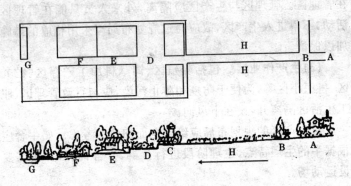

图 8-1 牛场规划与布局示意

A. 村镇 B. 公路支线 C. 牛场管理及生活区 D. 绿地

E. 干草、青贮、饲料加工区 F. 牛养殖区

G. 粪场、化粪池、病牛隔离区

H. 田野箭头为风与径流流向

139. 奶牛舍建筑设计原则与要求是什么?

奶牛舍的设计原则如下。

第一,因地制宜(充分利用场地坡度、周围充足的饲草资源等)。

第二,为牛提供舒适的环境(空间设计适合牛站立、卧地、起立、采食、饮水和休息需要)。

第三,舍内采光充足、干燥等。

第四,符合奶牛生产工艺要求(便于装车、运输、出栏和转群等)。

第五,便于防疫和经济实用(便于清扫、冲洗和消毒等)。

140. 奶牛舍建筑形式有哪些?

我国幅员辽阔,南北气温相差很大,且饲养规模和经济能力也不相同,要求牛舍形式多样化是适应具体情况的要求。

(1)按照牛舍屋顶的样式 分为钟楼式、半钟楼式、拱顶式、半拱顶式、双坡式、单坡式等(图 8-2)。

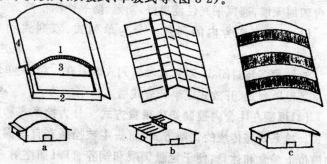

图 8-2 奶牛舍几种屋顶示意

a. 砖券拱顶　b. 对称气窗(钟楼式)水泥瓦屋顶　c. 工程塑料或彩钢屋顶

钟楼式和半钟楼式就是在双列式屋顶上设置有贯穿牛舍横轴的天窗,增加了通风采光性能。

(2)按照墙壁的封闭程度 分为封闭式、开放式、半开放式和棚舍式(图 8-3)。

图 8-3 奶牛舍中的棚舍式和开放式示意
a. 棚舍式 b. 开放式

封闭式牛舍四周有墙壁,不利于通风换气,舍内空气质量差,虽具有冬暖优点和有利于牛群生存,但夏季防暑难度较大。开放式和半开放式三面有墙,半开放式前墙有半截,开放式无前墙,这类牛舍通风采光性能好,但防寒性能差。棚舍式棚舍四周无墙,通风采光性能极好,防寒、防暑性能很差。

(3)按牛床在舍内的列数 分为单列式、双列式和多列式。

双坡式多与封闭式、双列式和多列式联系在一起,而单坡式总是以单列式、开放式或半开放式居多。

(4)根据在牛舍内控制奶牛采食方式 分为拴系式和散栏式。拴系式是传统的饲喂方式,每头牛被拴系在自己固定的槽位上采食和休息,便于定量饲喂和饲养管理(如注射、投药等),但增加了饲养人员的工作量和降低劳动效率,限制了牛的自由活动,不利于动物福利原则;散栏式适合于高度机械化、自动化饲养,能提高劳动生产效率。

141. 怎样修建犊牛岛?

犊牛岛又叫犊牛栏、犊牛笼,是犊牛从出生至断奶后 1 周左右饲养的地方。既能满足犊牛特殊需要而且又方便饲喂是修建犊牛岛的难点。犊牛岛的特殊要求包括通风和保温的有机结合,舍内犊牛岛靠近产房,要求每犊 1 个,犊牛岛长 130厘米,宽 80~110 厘米,高 110~120 厘米,侧面用钢丝网、木条、塑料等制成,通过完全隔离或其他方法来防止犊牛间互相舔舐,能有效防止病原微生物在病牛与健康牛之间传播。底部用木制漏缝地板制成,便于排尿和保温。正面有向外开的门,还有颈枷,下方有两个活动的钢筋圈,放饲喂牛奶、犊牛料、饲草和饮水的用具。一般是喂牛奶后放置水桶以供饮水,犊牛料与饲草共用一个用具,可以做到自由饮水和采食。后面有通风孔,无顶部。舍内犊牛岛适合北方较寒冷地区使用,尤其适合刚出生不久的犊牛使用。

舍外犊牛岛呈一种半开放式,是前高后低或者前低后高的直角梯形,两侧面长分别为 150 厘米和 165 厘米,前面和后面分别为 115 厘米和 145 厘米,顶部为 130 厘米×170 厘米的矩形,在每个犊牛岛前面有各自独立的运动场,运动场长、宽和高分别是 300 厘米、120 厘米和 90 厘米,运动场围栏用钢筋围成栅栏状,围栏前有活动的钢筋圈,用于放饲喂牛奶、犊牛料、饲草和饮水的用具。每头犊牛占地面积约 5.6 平方米。舍外犊牛岛放置于混凝土地面,坐北朝南,或根据季节变换方位,犊牛排泄物也便于清除,每批犊牛转群后可以集中消毒等。舍外半开放式犊牛岛适合温热气候,通风性好,也适合北方地区月龄较大的犊牛使用。

142. 奶牛舍外观怎样设计？

奶牛舍的外观包括牛舍的长度、跨度、高度等。在进行设计时，要考虑当地气候特点、场里的经济条件、劳动定额等，还要结合养奶牛的传统习惯，我国一般以双列对头或对尾式牛舍为主，见图 8-4，图 8-5。

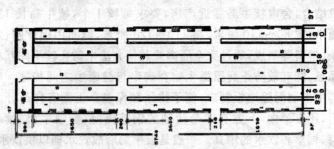

图 8-4 对头式牛舍平面图 （单位：厘米）

1. 清粪通道 2. 饲喂通道 3. 饲槽 4. 粪尿沟 5. 牛床

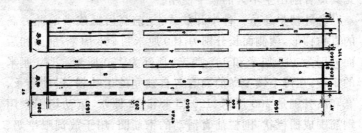

图 8-5 对尾式牛舍平面图 （单位：厘米）

1. 饲喂通道 2. 清粪通道 3. 饲槽 4. 粪尿沟 5. 牛床

牛舍的长度根据牛舍种类、饲养管理方式、饲养头数、舍内设备的种类、数量、尺寸和位置等决定。一般每栋牛舍容牛

48～120头,在牛舍内挤奶时,以双列对尾式设计可以提高劳动效率,手工挤奶时,每栋牛舍容牛应为 12 的倍数,用可移动式(手推车)挤奶机时,每栋牛舍容牛为 16 的倍数,在挤奶厅挤奶时,每栋牛舍容牛应为 60 的倍数,这样的设计可有效提高劳动效率。每 20～40 头牛设一个横行道,便于出入牛舍,有时在牛舍内还有饲料贮藏间、工具间、值班室等,这些是决定牛舍长度的因素。由总长度确定开间大小,牛舍的开间为2.7～3.3 米,饲料贮藏间、工具间、值班室等以一个开间为单位。

奶牛舍的跨度根据清粪通道、饲槽宽度、牛床长度、粪尿沟宽度、饲喂通道等决定,这些详见以下问题。双列对头或对尾式牛舍跨度为 10～11 米。

奶牛舍的高度依牛舍类型、地区气温而异。我国的养殖区域按照气候条件可以分为干热、湿热、干冷和湿冷四种气候类型,干冷气候类型最低,湿热气候类型最高。以屋檐为标准,双坡式为 3～3.5 米,单坡式 2.5～2.8 米,钟楼式稍高点,棚舍式略低些。

奶牛舍门洞大小依牛舍类型而定,产房、泌乳牛舍宽1.8～2 米,高 2～2.2 米,犊牛舍、育成牛舍和青年牛舍宽1.4～1.6 米,高 2～2.2 米。各类牛舍的门洞数要求有 2～5 个(每个横行道一般有门洞 1 个)。

奶牛舍窗户的规格、数目因防暑、防寒的要求,结合采光系数而异,一般宽为 1.5～2 米,高 2～2.4 米,采光系数为 1:10～16,窗户距地面 1.2～1.4 米。

屋顶建材按气候条件和经济条件而定,开间少的用山墙承重,开间多的采用木结构或钢木结构屋架。常用的屋面有木屋面板、平瓦屋面、芦苇油毡瓦屋面、水泥石棉瓦屋面和热镀锌钢屋面等。

在牛舍前面设有运动场,运动场和奶牛舍之间最好有1条4米宽的道路,这样便于运输饲草料,也非常美观。

143. 奶牛舍内建筑怎样设计?

中小型奶牛场如果没有挤奶厅时,舍内通常为双列对尾式,清粪通道贯穿中央,便于挤奶。如果使用挤奶厅时,舍内通常为双列对头式。无论对头或对尾式,奶牛舍内建筑的规格尺寸基本一致。

牛床是奶牛采食、挤奶和休息的场所,其规格尺寸为:成年泌乳牛长度(饲槽前沿至排粪沟)一般为1.6~1.8米,牛床宽度一般为1~1.2米;青年牛和育成牛长度为1.6~1.7米,宽度为1米;犊牛长度为1.2米,宽度为0.8米(其规格尺寸详见表8-6)。牛床应向粪尿沟方向保持1%~1.5%的坡度,以利于粪尿和污水的排出。

表8-6 奶牛舍内牛床的尺寸 (米)

类 别	长 度	宽 度	坡 度
成年泌乳牛	1.60~1.80	1.00~1.20	1.0%~1.5%
青年牛和育成牛	1.60~1.70	1.00	1.0%~1.5%
犊 牛	1.20~1.30	0.60~0.80	1.0%~1.5%
分娩母牛	1.80~2.20	1.20~1.50	1.0%~1.5%

饲槽在牛床前面,常为固定通槽,其长度和牛床的宽度相同,紧靠牛的一侧是前沿,另一侧为后沿,其规格尺寸见表8-7。饲槽应保持坚实、光滑、不漏水,饲槽底部为圆弧,饲槽底部高于牛床5~10厘米。

表 8-7　乳用牛饲槽尺寸规格　　（厘米）

类别	槽内长	槽顶内宽	槽底内宽	槽外沿高	槽内沿高
成年牛	100～120	60	40	60～80	25～30
青年牛和育成牛	100	50～60	30～40	60～80	25
犊牛	60～80	40～50	30～35	30～40	15

牛栏位于饲槽前沿，常和颈枷相结合，用于固定牛只。其构造由横杆和立柱组成。横杆长度等于饲槽长度，立柱高度和颈枷高度相同，各立柱间距为整个牛床宽度（图 8-6）。

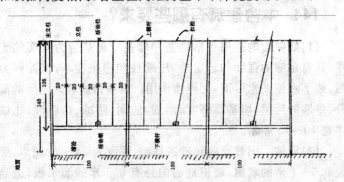

图 8-6　自锁式奶牛颈枷　（单位：厘米）

为防止奶牛横卧在牛床上，常设隔栏。隔栏用弯曲的钢管制成，一端和牛栏立柱相连，另一端固定在牛床前 2/3 处，隔栏高 80 厘米，由前向后倾斜。

牛栏和颈枷要牢固耐用，光滑，便于操作。

粪尿沟设置于牛床后部，一般为明沟。要求光滑、防漏、易排水。沟宽 30～40 厘米，沟深 5～18 厘米，为便于排水，应有 6% 的坡度。沟底为方形，以便用方锹清粪。

饲喂通道是运送草料、饲喂牛只的通道,宽度为1.2～1.5米,以人力车、运料车等方便通行为宜。

清粪通道是清扫粪便、人畜通行及挤奶作业的通道。宽度为1.6～2米,路面防滑,最好有大于1%的坡度。

排水沟是奶牛场不可或缺的卫生排水设施,可便捷地把奶牛舍粪水、牛奶冷却水、洗涤乳房的水等排出。排水沟包括奶牛舍内的粪尿沟(明沟)、舍内的暗沟和舍外一直连接化粪池的暗沟。明、暗沟连接处设沉淀井,并用铸铁算子盖上。舍外暗沟每20米设沉淀井1个,确保不发生堵塞。

144. 牛舍建筑有哪些要求?

(1)奶牛舍的基础包括地基和墙基 地基应为坚实的土层,具有足够的强度和稳定性,压缩性和膨胀性小,抗冲刷力强,地下水位2米以下,无侵蚀作用。墙基指墙埋入土层的部分,是墙的延续,墙基要坚实、牢固、防潮、防冻、防腐蚀,比墙体宽10～15厘米。

(2)墙体 用普通砖和砂浆修建,厚度为24～36厘米,要设0.5～1米的墙裙,墙根地面向外有0.5米的滴水板,适当向外斜。

(3)地面 舍内地面要求牛感觉舒适,便于消毒,不打滑,不过分坚硬。地面有土地面、立砖地面、水泥地面、石头地面等。土地面不易清粪,不便消毒,使劳动效率降低,但牛起卧舒适,易于吸尿,成本低廉;立砖地面保温性能优于水泥,但不如水泥结实,宜作犊牛舍地面;水泥和石头地面结实耐用,便于消毒和冲洗,但保温性能差,地面有水时不防滑。成年牛舍一般常用水泥地面,用水泥地面要压上防滑纹(间距小于10厘米,纹深0.4～0.5厘米),以免滑倒,引起不必要的经济损失。

(4)屋顶 屋顶用于防雨雪、防风吹日晒,还有保温作用。一般采用木架或钢木结构、水泥石棉瓦或者彩钢顶。木架或钢木结构上面可用作物秸秆(如高梁秆)、荆条、芦苇等编制成帘状,也可用木板等固定于檩条或椽子上,再铺上瓦。这种屋顶结实,保温隔热性能好,但消耗材料多,造价较高,维修较困难。另一类屋顶为水泥石棉瓦,可直接钉在椽子上,其造价低,对屋顶支撑结构要求低,维修方便,但保温隔热和防水性能差,如果在石棉瓦下铺上一层隔热材料(如 3 厘米厚的聚氨酯),则可弥补其不足,并且造价较低,是值得推广的方法。彩钢顶是近年来大型规模性牛场普遍采用的屋顶结构,具有美观、对屋顶支撑结构要求低、结实耐用、保温等优点,只是造价稍高。

145. 运动场的大小怎样确定?

运动场的大小根据牛群规模而定,其面积一般为成母牛平均 20 米²/头,育成牛及青年牛平均每 15 米²/头,犊牛平均 8 米²/头。

运动场地面可用三合土碾压而成,要求平坦、地势高,靠近牛舍一侧稍高,向对侧倾斜。禁止用混凝土或砖石铺运动场。

运动场内应设饮水池、饲槽、凉棚(高 3~3.6 米,面积每头 5 平方米)。两侧设有排水沟(宽 0.8~1.5 米,深 0.5~0.8 米,长度稍大于运动场,根据降雨量确定),便于排水畅通,运动场周围应植树绿化。

运动场四周设围栏,栏高 1.5 米,栏柱间距 2 米。围栏用钢管焊接或用水泥柱栏,再用钢筋、钢管或木柱等串联在一起。围栏门宽 2 米。

146. 怎样修建草料加工车间及库房？

草库大小根据饲养规模、粗饲料的贮存方式、日粮的精粗比、容重等确定。一般情况下，切碎玉米秸的容重为 50 千克/米³，在已知容重情况下，结合饲养规模，采食量大小，做出对草库大小的粗略估计。用于贮存切碎粗饲料的草库应建得较高，为 5～6 米高，草库的窗户离地面也应高，至少为 4 米以上，用切草机切碎后直接喷入草库内，新鲜草要经过晾晒后再切碎，不然会发霉。草库应设防火门，外墙上设有消防用具，距下风向建筑物应大于 50 米。

饲料加工厂应包括原料库、成品库、饲料加工间、青贮池等。原料库的大小应能贮存奶牛场 10～30 天所需的各种原料，成品库可略小于原料库，库房应宽敞、干燥、通风良好。室内地面应高出室外 30～50 厘米，以水泥地面为宜，房顶要具有良好的隔热、防水性能，窗户要高，门、窗注意防鼠，整体建筑注意防火等。

晾晒场。在夏、秋季节，一些多余的天然或人工牧草、农作物秸秆，必须晒干后才可贮存。晾晒场一般由草棚和前面的晒场组成。晾晒场的地面应洁净、平坦，上面可设活动草架，便于晒制干草，草棚为棚舍式。

147. 防疫设施怎样设计？

奶牛场的防疫设施包括消毒池、消毒室、隔离舍等。

(1)消毒池 设在牛场入口处，宽度应与入口处等宽(最少为 2.5 米宽)，长度在 3 米以上，一般达到 4～5 米，深度不小于 15 厘米，池两端砌成斜坡，以便车辆通过，池内置消毒液,据药性定期更换。

(2)消毒垫 用于牛舍入口,用消毒液喷洒在铺垫于入口的秸秆,废麻袋或棕垫上,达到有少量药液渗出为好。

(3)消毒室 在生产区入口处,室内装紫外线灯,距地面2米,以紫外线有效消毒距离2米计算所需数量,一般30分钟即可。

(4)隔离舍 用于观察和治疗病牛,一般建在奶牛场偏僻的下风向和低洼处,并铺设水泥地面、墙壁也应用水泥抹至1.5米以上高度,以便消毒。

(5)贮粪池 应紧挨隔离舍,池内加相应的消毒药,并经常补充,池要设盖,避免逸出粪水。

(6)隔离沟 一般在疫情严重的地区和大型奶牛场的周围挖沟区,沟宽为6米以上,沟深3米,里面放水,水深不少于1米,最好为有源水,以防蚊虫滋生。隔离沟能有效防止疫病传播。

(7)隔离墙 奶牛场周围、奶牛场内部的生产区设隔离墙,以控制闲杂人员、其他动物进入场区和生产区,墙高3米。

(8)场区道路规划 场区内严格划分出净道和污道。净道是牛群周转、场内工作人员行走、场内运送饲料的专用道路。污道是场内用于运送粪便等废弃物的专用道路。

148. 怎样减免环境噪声?

奶牛场选址有时因条件限制,无法避开噪声源,或者建场后在牛场附近出现新噪声源,尤其是噪声达到75分贝以上时,往往影响奶牛的反刍、休息和采食,最终影响生产性能的发挥。为了减免环境噪声,可采取以下措施消减。

(1)设置隔音屏 根据音屏减免噪声作用原理,音屏材料分为吸声材料和消声材料，一般以吸声材料经济实用。这些材料一般是多孔、透气的材料，如泡沫塑料、毛毡、海绵、木丝板、草帘子等，这些材料需要有钢架扶持。隔音屏对于高频噪声有很好的效果，但对于低频噪声，吸声材料不是很有效，为了增加低频噪声的吸收，就得大大增加材料厚度，或者采用共振吸声方法吸收。

隔音屏可以用吸声砖砌成墙，根据噪声源高度、周围建筑物高度确定其高低长短。

当场区内绿化消音带较多时，可以把隔音屏上的材料换为刚性材料，也可以用反射原理，形成多次反射，最后被吸声材料和绿化消音带吸收或阻隔。

(2)设置绿化消音带 绿色植物不仅吐氧吸收二氧化碳，能释放多种植物杀菌素，杀灭悬浮在空气中的各种病原微生物，还可阻隔噪声，给人们以宁静的环境。绿化消音带须同时种植乔木和灌木，一行乔木间隔一行灌木，错落有致，根据噪声大小设置多行乔木和灌木，无论是否有噪声源，在建场后都应种植树木，绿化牛场，美化环境，调节奶牛场小气候。

149. 粪、尿、污水及其他废弃物怎样处理?

奶牛场的粪尿、污水都属于废弃物，相比较其他养殖业，废弃物量大，这些废弃物含有大量有机物、氮、磷、钾、悬浮物及致病菌等，并伴有恶臭，直接造成对地表水、土壤和大气的严重污染。

饲料中蛋白质在牛体内降解而产生具有臭味的化合物，如硫化氢、粪臭素(甲基吲哚)、脂肪族的醛类、硫醇和胺类等，臭味对环境的影响是影响奶牛及人的生长发育，含硫化合物对所有动物和人的呼吸道有致病作用。

粪、尿中的氮以氨氮形式散发到大气中会招致酸雨,粪、尿通过雨淋可渗透入地表水或进入江河湖泊中,氮和磷使水富营养化,使水中微生物大量繁殖,耗尽水中氧气,使鱼类死亡。

牛嗳气中含有大量的甲烷、二氧化碳,这些气体汇同氨氮导致臭氧层破坏,使地球气候变暖,造成温室效应。

一些患有人兽共患病的牛体排泄物中含有大量的致病菌、寄生虫卵,造成水污染后,引起人类患病;奶牛正常粪便中的大肠杆菌等,也可引起疾病的广泛传播。如果不加以处理,不利于养殖业可持续发展和环保的国策。

废弃物的处理应遵循减量化、无害化、资源化的原则。

(1)废弃物减量化 科学加工饲料,提高日粮消化率,减少排泄物数量。

①饲料中的一些抗营养成分,会造成氮和磷的综合污染 如饲料中的非淀粉多糖类物质由于有较高的黏性,会结合消化酶而阻止向底物渗透,抑制对营养物质的消化,引起排泄物增加,可对品质差的粗饲料进行氨化、碱化、复合氨化等,提高消化率,减少排泄物数量。

②合理搭配饲料 利用当地资源优势,饲料多元化,并合理搭配,如青贮与氨化饲料的合理搭配,多种饼类饲料搭配,作物秸秆与麸皮、废糖蜜等搭配,充分利用营养互补和调养互补性,提高消化率,减少排泄物。

③加强饲料卫生,减少环境污染 饲料经膨化和制成颗粒后,可杀灭一些有害的细菌,还能破坏和抑制一些抗营养因子、有毒物质的作用,可提高养分的消化率和可利用程度,提高饲料利用率和动物的生产性能,降低排泄物数量和氮的量。

(2)废弃物无害化 采用堆肥技术、堆肥的复合肥制备等对粪便进行无害化处理。

在下水道、粪坑(池)中使用除臭添加剂,在排气系统中安装防臭用的洗涤剂,都能改变产生臭味化合物的化学结构,控制排泄物的恶臭气味。活性炭、沙皂素、乳酸杆菌等都是较好的除臭剂。

利用物理的、化学的方法将污水中的有机污染物、悬浮物、油类及其他固体物分离。

首先将运动场、牛舍内的粪便清除,再用水冲洗,先用格栅把污水中的草末、粪团等漂浮物处理,然后流入沉淀池,在沉淀池中把污水利用重力原理使比重大于1的物质沉淀,可以实现固液分离。

根据污水中污物的性质,用化学药品如用硫酸铝、硫酸亚铁、三氯化铁等混凝剂除去悬浮物和胶体物质,用次氯酸钠消毒等。

(3)废弃物资源化 合理利用排泄物,实现生物良性循环,减少环境污染,变废为宝,可实现人、畜、自然界良性循环,降低生产成本,减少环境污染。

牛粪便是质优价廉的有机肥料,其中所含的氮、磷、钾、硫等是农作物生长的必需元素,可增加土壤肥力,提高农作物的质量与产量,对农业的持续发展、降低粮食成本具有重要意义,可实现牛多—肥多—粮多—饲料多的农业良性循环。

采用生物技术可利用牛粪便产生沼气,供人类利用,也可用于牛舍取暖、饲料加工等,实现人、畜、自然界的良性循环。

牛粪便和沼渣还可以饲养蚯蚓,用做猪、禽和甲鱼等的动物蛋白质饲料,大大降低了畜禽饲养成本,可实现畜禽内部的良性循环。

150. 怎样有效利用粪便?

(1)堆肥发酵处理　牛粪的发酵处理是利用各种微生物的活动来分解粪中的有机成分,可以有效地提高这些有机物质的利用率。在发酵过程中形成的特殊理化环境也可基本杀灭粪中的病原体,主要方法有:充氧动态发酵、堆肥处理、堆肥药物处理,其中堆肥处理方法简单,无须专用设备,处理费用低。

(2)生产沼气　利用厌氧细菌(主要是甲烷菌)对牛粪等有机物进行厌氧发酵产生沼气,沼气生产过程中粪便残渣中95%的寄生虫卵被杀死,钩端螺旋体、大肠杆菌全部或绝大部分被杀死,同时残渣中还保留了大部分养分。这种废渣呈黑黏稠状,无臭味,不招苍蝇,施于农田肥效极高。生产沼气既能合理利用牛粪,又能防治环境污染。

(3)蚯蚓养殖综合利用　利用牛粪养殖蚯蚓近年来发展很快,日本、美国、加拿大、法国等许多国家,先后建立不同规模的蚯蚓养殖场。我国目前已广泛进行人工养殖试验和生产。

九、牛病防治

151. 牛群疾病防控日常观察哪些项目？

(1)行为 对陌生人表现出较强的兴趣，围观且试图接近。在运动场上常卧地反刍或休息，有时站立或呈现逍遥运动状态，行为敏捷，发情时则互相嬉戏、追赶和爬跨等。如果长时间站立不卧可能是运动场泥泞潮湿、地面温度高、运动功能失调等。舔食泥土、舔墙、饮尿或反复嚼舌等是异常行为。

(2)粪便 奶牛粪便较一般家畜和黄牛的稀，颜色为暗褐色，落于水泥地面可成形为层叠状的、不典型的圆锥形，每天排粪量（新鲜）为体重5%～7%，气味较小。其检查详见粪便检查项目。

(3)采食 采食量和食欲正常，不拒食精料补充料或不过分挑剔粗饲料，在上槽的大部分时间里不停地采食，同邻居牛具有较强的竞食行为。如果下槽时驱赶困难、饲槽中无剩草则表示采食量未满足。

(4)鼻镜 湿润且经常伴有小水珠是健康的标志，干燥或有龟裂现象是疾病的先兆。

(5)反刍 观察反刍活动对疾病的诊断和预后均有重要意义，在安静的状态下奶牛有1/3时间在反刍。

(6)外表 被毛光亮，眼神较镇定，如果鼻孔带有黏液、眼角出现分泌物、眼泪隐现为异常。

152. 奶牛正常的生理指标是什么？

奶牛正常的生理指标见表 9-1。

表 9-1　奶牛正常的生理指标

嗳气 (次/小时)	体温 (0℃)	心率 (次/分)	呼吸率 (次/分)	放牧采食速 度(口/分)	每日平均反 刍时间(时)
20～40	38.5 (37.5～39.0)	60～70	12～16 犊牛 30～56	50～70	6～10
每日反刍周 期数(个)	每次反刍持 续时间(分)	瘤胃蠕动次 数(次/分)	每次持续 时间(秒)	性成熟期 (月龄)	初次配种 年龄(月龄)
4～8	40～50	反刍时 2.3， 采食时 2.8， 休息时 1.8	15～35	12～14	早熟品种母 牛 16～18 晚熟品种母 牛 22～24
母牛发情 周期(天)	母牛发情持 续期(小时)	排卵时 间(小时)	妊娠时间 (天)	产后第一次发 情间隔时间 (天)	母牛分娩产 程时间 (小时)
成年母牛 21 (18～25)育 成牛 20 (18～24)	成年母牛 18 (6～36)；育成 母牛 15(10～ 21)	发情停止后的 4～16 小时	276～285	46～104	开口期 6 (1～12)；胎 儿产出期 0.5～4；胎衣 排出期 2～8

153. 奶牛的正常血液指标是什么？

奶牛的正常血液指标见表 9-2。

表 9-2　奶牛血液指标

血清离子(毫克/100 毫升)					胆红素(毫克/100 毫升)
钙	无机磷	镁	钾	钠	
10.5～12.25	3.2～8.4	1.8～3.0	20	330	0～0.5
血浆蛋白(克/100 毫升)			转氨酶(S-F 单位/毫升)		黄疸指数(单位)
总蛋白	白蛋白	球蛋白	谷-草	谷-丙	
6.5	2.9	3.6	38～50	7～32	2～15
红细胞数(个/毫米^3)	血红蛋白(克/100 毫升)	白细胞(个/毫米^3)	血沉(魏氏法)(毫米)		
			15 分钟	30 分钟	45 分钟	60 分钟
7.2×10^6	12	8000	0.1	0.25	0.4	1～2

154. 奶牛患病时,粪便检测项目有哪些?

奶牛患病时,进行排粪及粪便检查是最常见的检查内容。当排粪时粪便掉落地面可以飞溅起来则表明变稀,预示有消化功能障碍、肠蠕动加强等,排粪次数增多且粪便稀薄如水称为腹泻,见于消化不良、肠炎、结核和副结核等疾病,也常见于饲料过渡期间,饲喂发霉变质饲料等。相反,排粪减少,粪便干硬而色暗,或表面附着黏液,则是便秘,多见于瓣胃阻塞、瘤胃积食等。奶牛频发便意,不断有排粪姿势,且强烈努责,仅有少量粪便,可能是直肠炎。排粪时疼痛、拱背、甚至呻吟,见于创伤性网胃炎、便秘、瘤胃积食。粪便中混有整粒饲料则表示粉碎太粗糙或精料补充料喂量过大等。粪便表面附有鲜血时,为后部肠管出血,当前部肠管出血时,粪便为黑色。粪便中混有胶冻状黏液和假膜时,见于肠炎。

前已述及，奶牛粪便颜色为暗褐色，落于水泥地面可成形为层叠状的、不典型的圆锥形等。粪便除进行上述感官检查外，还借助显微镜检查寄生虫卵和幼虫。奶牛胃肠道感染蠕虫病时，其成虫，幼虫，特别是虫卵，通常多寄生于宿主粪便中，有时随粪便排到体外。供检粪便宜用新鲜而未被污染的，最好由直肠内直接采取粪样。粪便中虫卵检验方法可分为涂片法、浮集法（漂浮法）、沉淀法和虫卵计数法等。粪便中蠕虫虫卵检验必须与临床实际病例症状结合起来，进行综合性诊断，多见于肝片形吸虫病、肝硬化、寄生虫性（出血性）胃肠炎、日本分体吸虫病、慢性消化不良性营养障碍、血便和腹泻等。

155. 奶牛经常出现的异常姿势与疾病有什么关系？

奶牛异常姿势与可能发生的疾病见表9-3。

9-3　奶牛异常姿势与可能疾病

奶牛异常姿势	可能病患
平时在运动场上啃食泥土、石块，挤奶后躺卧时颈部呈"S"状弯曲，沉郁或昏迷。侧卧头回转置于上侧肩部，沉郁或昏迷	产后瘫痪（乳热症，低血钙症）
喜爱站立于前高后低处，卧下时小心翼翼，总是后脚先屈，站起时则前躯先起，前肢踢胸部，行走步伐小且慢，食欲下降，站立时肘部外展	创伤性胃炎、创伤性心包炎和胸部外伤脓肿等
拱背、厌食、肘外展（疼痛站立姿势）	胸膜炎、腹膜炎
拱背、厌食、躺卧时四肢伸得比正常远、直，不愿站立	多关节炎

奶牛异常姿势	可能病患
拱背,食欲正常,前肢前伸,后肢后送比正常远	背部肌肉骨骼损伤
左胺隆起,举尾,头颈平伸,前肢和后肢均较正常时前伸和后送,精神紧张,肢体强直,耳竖立	破伤风
卧地,前肢伸直	前肢肌肉骨骼损伤,常为腕部损伤
侧卧,但有警觉反应	常为肌肉骨骼疼痛的征兆,引起一肢或多肢不愿弯曲;由于乳房肿胀,乳房血肿,腹疝,或腹部蜂窝组织炎引起的腹侧部疼痛
侧卧,角弓反张	犊牛脑灰质软化或其他中枢神经系统疾病;成年牛偶见低血镁症或中枢神经系统疾病
躺卧,高度兴奋,痉挛	低血镁症,偶见低血钙症等
步履蹒跚,转圈	脑包虫,中枢神经系统疾病
磨牙,视力丧失,但有良好反应,沉郁	铅中毒,脑灰质软化
磨牙	慢性腹病,鼻窦炎,肌肉、骨骼病
站立时四肢内收,后蹄踢腹,反复爬槽,起伏,哞叫	小肠积气或积液,消化不良;小肠梗阻;肾盂肾炎或其他泌尿道异常;盲肠臌胀或扭转
腕部支地,后躯抬起	蹄叶炎
犬坐姿势,起卧为艰	胸腰段脊髓损伤
跛行,蹄不愿负重,左右蹄交替站立	蹄底溃疡
咀嚼物品,咬水槽,咬铁管,舔咬皮肤,有攻击性行为,虚脱	神经性酮病,或器质性中枢神经系统疾病

156. 奶牛疾病的诊断方法有哪些?

诊断是防治疾病的前提,它是建立在症状的基础上,症状的获得又必须通过一定的检查方法,即诊断方法。

(1)临床检查 临床检查是通过问诊或流行病学调查(询问病史、饲养管理情况)、视诊(视体表、被毛光亮度、鼻镜、采食、反刍、排粪过程及其粪便等)、触诊(肿物判断、臌气、积食、积液和直肠检查等)、叩诊、听诊(心音、呼吸音、消化道蠕动音)及嗅诊(口腔气味、分泌物及排泄物气味)等进行诊断的方法。是诊断的首选方法,对于某些具有特征临床症状的典型病例一般不难做出诊断。但对发病初期尚未出现有诊断意义的特征症状的病例和非典型病例,依靠临床检查往往难于做出诊断。通过临床方法不能对疾病做出诊断时,再通过以下方法诊断。

(2)病理学诊断 病理剖检时应选择典型病例,并尽量多剖检几头。剖检前应先观察尸体外表,注意其营养状况、皮毛、可视黏膜及天然孔的情况。再按剖检的程序做认真系统观察,包括皮下组织、各淋巴结、胸腔和腹腔的各器官、头部和脑、脊髓的病理变化,进行详细的记录,找出其主要的特征性变化,并做出初步的分析和诊断。病畜死亡或急宰后剖检时间越早越好,以免尸体发生腐败,有碍于观察和诊断。

(3)免疫学诊断 因为抗体能和相应的抗原发生特异性的结合反应,基于这一原理建立的各类血清学技术,以及一些细胞免疫检测技术和在奶牛体内进行的变态反应,进行传染病和寄生虫病的诊断技术。另外,还有微生物学诊断等方法。

157. 炭疽的病因、症状及预防措施是什么?

炭疽是由炭疽杆菌引起的人兽共患的热性败血性传染病。本病的特征是脾脏显著膨大、皮下和浆膜下组织出血性胶样浸润,血液凝固不良。本病传染源是病牛和各种带菌动物,病牛血液、分泌物和产品中都含病原菌。病菌暴露于空气中形成芽孢,芽孢的抵抗力很强,在土壤中可存活数十年,因此被污染的土壤成为最危险的疫源地,每当河水泛滥时,河流下游都成为易发区。

炭疽病的潜伏期为 1～5 天,依据病程分为最急性型、急性型和亚急性型 3 种,因为最急性型往往失去诊断和治疗的机会,且所占比例不大,一般以急性型为本病诊治重点。

急性型炭疽起始体温高达 42℃,呼吸加快、食欲下降或废绝,反刍停止,瘤胃臌胀,中期哞叫,惊恐不安,后期高度沉郁,呼吸困难,可视黏膜发绀,肌肉震颤,在眼结膜、口腔有针尖或小米粒大小出血点,有时在肛门、口腔等处可见。末期体温下降,肌肉痉挛而死亡,病程约 24 小时。亚急性型病程在 36 小时之内。

根据本病流行性特点、结合临床表现怀疑本病,用血清学监测或病原学检验确诊。

准确诊断后,早期大量使用青霉素或四环素有一定疗效。

一旦确诊后,死尸应焚烧或深埋,被污染的饲草、饲料及排泄物也应焚毁,被污染场地彻底消毒,并封锁疫区,疫情扑灭后 14 天才可解除封锁。

158. 结核病的病因、症状及预防措施是什么？

结核病是由结核杆菌引起的、严重危害公共安全的古老传染病，其临床特征为贫血、消瘦和虚弱等。

传染源为各种结核病动物，可通过唾液、气管分泌物、粪便和乳汁等向周围环境排菌，传播媒介为被病菌感染的空气、乳汁、水源、饲料甚至土壤等。犊牛如果哺乳未消毒的牛奶时可感染，因此犊牛通常以消化道感染为主，成年牛则以呼吸道为主。

牛常发生肺结核、肠道结核和乳房结核。发生肺结核时，初期出现短而干的咳嗽、之后咳嗽剧烈且频繁，日渐消瘦，贫血，叩诊胸部有浊音区，体表淋巴结肿大。乳房结核则出现弥散性硬结，表面凸凹不平，乳汁稀薄，乳房淋巴结肿大。肠道结核以犊牛多见，消化不良、腹泻、消瘦，粪便变稀，带有黏液或脓液等。

当病牛出现持续性消瘦、贫血、体表淋巴结肿大、咳嗽、呼吸异常、顽固性腹泻时，都可怀疑为此病，然后用结核菌素（牛型），每毫升 10 万单位，皮下注射 0.1 毫升/头，72 小时观察结果，皮厚 4 厘米以上为阳性，小于 2 厘米为阴性，但确诊需要进行剖检，即病变部位切开后在切面可见干酪样坏死灶，有的形成空洞，胸内或腹腔浆膜有豌豆或粟粒大小灰白色结节。

一旦确诊的病牛就须淘汰，呈现阳性牛应立即隔离，并经常进行临床检查。需要外购牛时要坚持检疫，平常加强饲养管理，提高牛的抗病力，减少各种诱因等。

159. 布氏杆菌病的病因、症状及预防措施是什么?

布氏杆菌病是由布氏杆菌引起的、以侵害生殖系统和关节、引起母牛流产、不育、对养牛业危害最大的一种人兽共患传染病。

本病的传染源是妊娠患病的母牛,还有患病的种公牛,有时患病的人工授精员、病羊等也可传播。母牛一般通过正常分娩或者流产的胎儿、胎衣、羊水和乳汁向外排菌,除此之外,正常发情周期中阴道分泌物也能向外排菌,种公牛通过精液传播。

被布氏杆菌污染的饲料、饮水、乳汁可通过易感牛的消化道、生殖道和皮肤等传播发病,头胎母牛最易感,牛群感染后很难根除。

恶劣的饲养管理、潮湿、拥挤、通风不良的牛舍和运动场等是本病的诱因。

本病的主要症状是妊娠母牛在妊娠到5~8个月出现流产,有的可分娩弱犊,流产后伴随胎衣滞留和化脓性子宫内膜炎,这样母牛逐渐丧失繁殖能力,有时还伴随腕关节和跗关节肿大或发炎。

当牛群连续出现流产、有外购牛的历史等时应怀疑本病。经严格消毒后对疑似牛采血,制取血清,用布氏杆菌病虎红平板凝集试验再进行诊断。即用被检血清和抗原等量混合,充分搅匀,根据4分钟后是否出现凝集反应判断。出现凝集反应为阳性,不出现为阴性。出现阳性反应的牛,须经过补体结合试验或其他辅助试验再确诊。

当牛群出现比较集中的流产症状后应及时隔离,进行确诊,确诊后的病牛按照要求淘汰。通过对所有牛检疫后为阴性的牛,注射菌苗进行保护。为避免饲喂混合牛奶传播,所有饲喂犊牛的常乳必须严格消毒。平时坚持自繁自养原则,外购牛必须经过检疫才可引入,人工输精员进行输精和直肠检查时,必须戴一次性长臂手套,用后集中处理。

160. 口蹄疫的病因、症状及预防措施是什么?

口蹄疫是偶蹄兽的一种急性、热性、高度接触传染性疾病,是近年来严重危害我国养殖业的传染病之一。

口蹄疫能侵害多种动物,但主要为偶蹄兽,即牛、羊和猪等,但牛最易感。开始发生时,一般总是牛先发病,而后才有羊、猪的感染。但亦发现在某些流行中,主要感染牛、羊,而不感染猪,或者只感染猪,而不感染牛和羊(即所谓单纯性猪口蹄疫)。本病的季节性因地区而异,牧区的流行一般在秋末开始,冬季加剧,春季减轻,夏季平息,但在农区这种季节性表现得不明显。

(1)症状　牛潜伏期2~4天,最长1周左右。病初,体温升高达40℃~41℃,精神委顿,流涎不止,采食量下降。1~2天后,唇内面、齿龈、舌面和颊黏膜发生水疱,之后这些水疱溃烂,形成边缘不整的红色烂斑。与此同时或稍后,趾间及蹄冠皮肤表现热、肿、痛,继而发生水疱、烂斑,病牛跛行。水疱破溃,体温下降,全身症状好转。如果蹄部继发细菌感染,局部化脓坏死,使病程延长,甚至蹄匣脱落。乳头皮肤有时可出现水疱、烂斑。

(2)防治　平时要积极做好防疫工作,不要从疫区购买牲畜,必须购买时要加强检疫。发生口蹄疫后,要严格执行封锁、隔离、消毒、紧急预防接种、治疗等综合性防治措施。口蹄疫弱毒苗只用于牛、羊,而猪必须使用口蹄疫灭活苗。通常按疫区地理位置采取环行免疫法,由外向内开展防疫工作,即先接种受威胁地区牲畜,再接种疫区内未发病的,或同时进行,以防止疫情扩大。疫苗接种前,必须弄清当地或附近流行的口蹄疫病毒型,然后用相同型别的疫苗接种,常发本病的地区应定期接种口蹄疫疫苗,受威胁地区应主动接种,建立免疫带以防疫。

口蹄疫轻症奶牛,经过 10 天左右都能自愈。但为了缩短病程,防止继发感染,应在隔离条件下及时治疗。对口腔病变,用清水、食醋或 0.1%明矾溶液、碘甘油涂抹,也可用冰硼散(冰片 150 克,硼砂 1 500 克,芒硝 180 克,共研细末)撒布。对蹄部病变,用 3%来苏儿溶液洗净蹄部,涂擦甲紫溶液、碘甘油或木焦油凡士林,绷带包扎。对乳房病变,可用肥皂水或 2%~3%硼酸水清洗,然后涂以氧化锌鱼肝油软膏。对恶性口蹄疫,除局部治疗外,可用安钠加等强心剂、葡萄糖,也可用口服结晶樟脑,每次 5~8 克,每天 2 次,效果良好,有条件者,可用口蹄疫免疫血清治疗,剂量为 1~2 毫升/千克体重,效果更好。

161. 真胃移位的病因、症状及预防措施是什么?

(1)病因 干奶期精料补充料喂量比例过高(一般应限制在 25%以下);胎儿过大、怀双胎、产后瘫痪和酮病是诱因;母牛发情时的爬跨,使真胃位置暂时的由高抬随即下降而发生改变,可成为发病的诱因。

(2)症状 食欲减退,有的拒食精料,尚能采食少量的青贮饲料和干草，精神沉郁，体温、呼吸、脉搏正常，粪少而呈糊状，因瘤胃被挤于内侧，故在左腹壁出现"扁平状"隆起。由于消化功能紊乱，病牛呈渐进性消瘦，衰弱无力，喜卧而不愿走动，后期卧地不起。

(3)治疗　采用两种方法治疗，即非手术疗法（翻滚法）和手术疗法。非手术疗法就是把两前肢和后肢分别捆绑，用一根长的棍棒或钢管顺着体躯长轴方向穿过捆绑的前肢和后肢，使牛仰卧于地面，猛然向右转动母牛体躯，反复多次，以期复位。为提高此法的效果，前1天左右禁食停水，使瘤胃体积缩小。本法的疗效不确定，但简单实用。其次是手术疗法。

162. 瘤胃酸中毒的病因、症状及预防措施是什么？

(1)病因　突然吃入可引起中毒剂量的富含碳水化合物的饲料，如玉米、小麦、大麦、高粱等谷物，比如偷吃精料补充料等；其他较少见的原因，如采食大量的苹果、葡萄、甜菜和发酵的面团等；突然改喂高碳水化合物丰富的饲料，瘤胃内原微生物区系不能适应，常可促进病的发生。未经过渡适应，突然放牧到未成熟的谷物牧草地，也是在牧区较为常见的原因。

(2)症状　轻度症状主要是瘤胃触诊充盈，腹围（尤其是在左侧腰窝部）膨胀增大，无食欲和反刍，瘤胃蠕动音减弱或消失，部分病牛尚有轻度疝痛症状，心率加快，排酸臭气味软粪，后转稀，一般3～4天可逐渐自行康复。重度者上述症状更为严重，经过1～2天病情更趋严重，精神沉郁、衰竭、步态蹒跚，卧地，想饮但又不能喝，多数病牛体温略有下降，呼吸、心率加快达120～140次/分，表明病情严重，进一步出现循环衰竭。先排软粪后转酸臭的稀粪，内有未充分消化的谷物残渣,视力下降,牛体严重脱水,尿少,晚期卧地站不起来,对各种刺激反应减弱。病情急剧发展,一般在 1～3 天死亡。病好转的标志,急速的心率开始缓解,偏低的体温回升,瘤胃蠕动音恢复和排出大量软和稀粪,尿量增加。

(3)治疗 轻型经过常无须治疗,经过 2～3 天可自行康复。或配合静注生理盐水 500～1 000 毫升、5％碳酸氢钠注射液 500～1 000 毫升,内服碳酸氢钠和硫酸钠,促进胃肠道内容物排出。重型经过及时进行瘤胃切开手术,从瘤胃中直接掏取出过食的谷物精料后,注入 5％碳酸氢钠注射液 3 000～5 000 毫升洗胃,静注生理盐水、复方氯化钠注射液、6％碳酸氢钠注射液,剂量根据脱水和酸中毒的程度决定。

平时防止过食,变换饲料尤其是需要增加高碳水化合物精料,要逐渐增加,使牛有适应过程,在精料补充料中添加碳酸氢钠,对本病有一定的预防作用。

163. 产后瘫痪的病因、症状及预防措施是什么?

(1)病因 日粮中钙、磷含量不足及其比例不当,一般认为与钙吸收减少和排泄增多所致的钙代谢急剧失衡有关。动物血液和组织中必须有一定浓度的钙,才能维持肌肉正常的收缩力和细胞膜的通透性。血钙的来源主要是经肠道吸收的钙和动员骨骼贮存的钙,肠道吸收钙和骨钙动员受甲状旁腺激素、降钙素、维生素 D 及代谢产物的调节,维持一种动态平衡。奶牛分娩后立即开始产奶,血浆中钙随乳汁大量排到体外,引起严重的低血钙症,甲状旁腺功能降低,甲状旁腺激素分泌比较少而出现产后瘫痪。

(2)症状 产后瘫痪多数发生在分娩后的 48 小时以内,

特别是挤奶后 1～2 小时内,临床症状可分为爬卧期及昏睡期。爬卧期病牛呈爬卧姿势,头颈向一侧弯曲,意识抑制、闭目昏睡、瞳孔散大、对光反应迟钝。四肢肌肉强直消失以后,反而呈现无力状态不能起立。这时耳根部及四肢皮肤发凉,体温降至正常以下,出现循环障碍,脉搏每分钟增至 90 次左右,脉弱无力、反刍停止、食欲废绝。昏睡期病牛四肢平伸躺下不能坐卧,头颈弯曲抵于胸腹壁,昏迷、瞳孔散大。体温进一步降低和循环障碍加剧,脉搏急速(每分钟达 120 次左右),用手几乎感觉不到脉搏。因横卧引起瘤胃臌气,瞳孔对光的反射完全消失。

(3)治疗 用 8～10 克钙 1 次静脉注射后大部分可即刻站立,10%葡萄糖酸钙注射液 800～1 400 毫升静脉注射效果也佳,对在注射 6 小时后不见好转者,可能伴有严重的低磷酸盐血症,可静脉注射 15%磷酸二氢钠注射液 250～300 毫升。

如果兽医不能马上进行治疗时,用乳房送风法可延缓病症的发展。送风前,先用酒精棉球消毒乳头和乳头管口拭干,将乳房内乳汁挤尽;为了防止感染,先注入青霉素注射液 80 万单位,然后用乳房送风器往乳房内充气;充气的顺序是先充下部乳区,后充上部乳区,而后用绷带轻轻扎住乳头,经 2 小时后取下绷带,此种方法如果与静脉注射钙剂同时进行效果更佳。

为防止本病发生,在分娩前 2～8 天肌内注射维生素 D_3 1 000 单位有预防效果,从分娩前大约 2 周开始给予低钙的日粮,以便事先不断地刺激甲状旁腺素的分泌,而在分娩之后却要给予含钙高的饲料。另外,为了防止此病发生,分娩后 3 天内不要把初乳全部挤净。

164. 奶牛倒地不起综合征的病因、症状及预防措施是什么？

(1)病因 除引起产后瘫痪的原因外，其他的原因还有：因分娩造成骨盆周围的肌肉和神经损伤；胎儿过大及粗暴的助产、分娩后起立时在牛床上蹬滑使四肢肌肉和神经受到损伤等。

(2)症状 分娩过程中或分娩后 48 小时内发病，以卧地不起和特有的卧地异常姿势为特征，当以产后瘫痪治疗时没有什么效果。卧地姿势为侧卧，头弯向后方，初期病牛起卧时，后肢不能伸展，严重时卧地后出现感觉过敏，四肢抽搐，食欲废绝。

(3)治疗 须对症治疗，有抽搐症和感觉过敏时，使用镁剂；出现低磷酸盐血症，静脉或皮下注射 20%磷酸二氢钠注射液 300～500 毫升；出现低血钾症时，口服或注射氯化钾 5～10 克。

(4)预防 每日要尽量让牛进行日光浴和运动；饲养管理上要防止牛过肥；日常注意钙、磷平衡。

165. 维生素 A 缺乏症的病因、症状及预防措施是什么？

一些植物性饲料中含有大量的维生素 A 原（胡萝卜素），如青草、胡萝卜、南瓜、玉米等，维生素 A 原在肠黏膜细胞转换成维生素 A。维生素 A 的大部分和少量的胡萝卜素贮存于肝脏内，其余部分维生素 A 和胡萝卜素则贮存沉积在脂肪中，需要时被利用。

（1）**病因**　日粮中缺乏青绿饲料或青贮饲料，粗饲料以干的农作物秸秆为主，精料补充料也未使用预混料；初生犊牛没有吃足初乳，或用代用乳和人工乳哺乳的犊牛；在种植牧草时大量施用氮肥，可导致牧草硝酸盐含量过高。硝酸盐能抑制胡萝卜素转变成维生素A。

（2）**症状**　犊牛对维生素A缺乏症的易感性高，初期症状是夜盲症，患牛表现无论是黎明还是傍晚都撞东西。眼睛对光线过敏，引起角膜干燥症、流泪、角膜逐渐增生、浑浊，特别是青年牛症状发展迅速，由于细菌的继发感染而失明。也易患肺炎和腹泻，引起尿结石，母牛难孕，产弱犊或死胎，产后不发情。缺乏维生素A的犊牛发育明显迟缓，被毛粗硬，易患皮肤病。骨组织发育异常，包裹软组织的头盖骨和脊髓腔特别明显，由于颅内压增高或变形骨的压迫而出现神经症状、瞳孔扩大、失明、运动失调、惊厥发作和步态蹒跚等。

（3）**防治**　配制精料补充料时使用预混料补充维生素A，粗饲料中最好有青绿饲料或青干草，在治疗上可以以每千克体重肌内注射4 000单位维生素A，之后7～10天内继续口服等量的维生素A。

166. 硒—维生素E缺乏综合征的病因、症状及预防措施是什么？

硒缺乏造成骨骼肌、心肌及肝脏变质性病变，与维生素E缺乏在病因、病理、症状及防治等诸方面均存在关联性，将两者合称硒—维生素E缺乏综合征。

（1）**病因**　饲料原料缺硒或维生素E，而添加硒相对困难，因为适宜使用量和中毒量接近，没有搅拌专门设备不能添加；日粮中青饲料缺乏、或者精料补充料的贮存条件不良（贮存、堆积、发酵不当)或含过多的不饱和脂肪酸,维生素 E 被破坏;生长发育快,或妊娠、泌乳,使维生素 E 需要量增高。

(2)症状 犊牛表现典型的白肌病症状群(肌营养不良),犊牛开始肌肉僵直和衰弱,后肢展开,重心移到前腿,站立姿势异常,木马姿势,起卧困难,随后麻痹,呼吸紧迫,无力吃奶,消化紊乱,伴有顽固性腹泻、心率加快、心律失常。

低硒使成年母牛产后出现胎衣滞留,应激能力下降,天气突变时产奶量也突然下降。

(3)防治 应保证奶牛日粮中含硒在 0.1~0.2 毫克/千克,对于放牧的牛群,可采取定期给硒盐供舔食、定期在人工饮水条件下将所给的硒盐加入、或可采取瘤胃硒丸的办法补硒。

167. 乳房炎的病因、症状及预防措施是什么?

乳房炎可导致产奶量和奶品质下降,是养牛业发病率最高、损失最大的一种疾病。

(1)病因 乳房炎主要是卫生条件差,细菌通过乳头管进入乳房形成炎症;不正确的挤奶方式,挤奶前后乳房不消毒或消毒不严;偶见于胃肠炎、腹膜炎、子宫内膜炎及外伤所致。

(2)症状 急性乳房炎,乳房表现红、肿、热、痛,泌乳减少;化脓性乳房炎,乳汁内含有絮状物,乳凝块,脓汁或血液,甚至引起乳腺坏死。特急性的乳房炎出现突然食欲不振或废绝,体温上升至 41℃以上,拱腰努背,起立困难,呼吸急促,脉搏数增加,全身被毛逆立,肌肉震颤,反刍停止,腹泻和脱水,乳房全部肿胀,往往从腹下部肿胀至后肢。在乳房皮肤上形成紫红色或苍白色的圆形变色部分,病变部位有凉感,其他部位出现发红和热感。被厌氧性菌感染时,乳房皮下有气肿,挤奶时可挤出气体,被感染的乳房疼痛强烈,有的乳房皮肤破溃排脓引起组织坏死脱落。泌乳量迅速减少,乳汁病初呈水样,以后呈血样或脓样,有的有强烈的腐败臭味。

(3)治疗 乳房炎治疗越早效果越好。急性乳房炎静注、肌注或乳房内注射抗生素;结合热敷及按摩乳房,有全身症状时,应配合全身疗法。

168. 胎衣滞留的病因、症状及预防措施是什么?

母牛产后 12 小时胎衣仍不下来,为胎衣滞留。

(1)病因 一是子宫肌收缩无力。主要是由于妊娠后期运动不足、日粮中缺少钙等矿物质、体质虚弱、难产等引起子宫收缩无力。二是胎儿胎盘和母体胎盘的粘连。在致病因素作用下,如胎膜和子宫内膜受感染而发生炎症,胎儿胎盘和母体胎盘分离不完全所致。

(2)症状 一般胎衣不下,有的是部分胎衣排出阴门,大部分留在子宫内,有的是全部留在子宫内。经 4~5 天,胎衣由于腐败、分解而发生恶臭,并排有恶露。病牛体温升高,精神不振,食欲减退,泌乳停止。

(3)防治方法 一旦胎衣不下,主要治疗方法是:

第一,产后 6 小时注射 200 单位垂体后叶素。

第二,手术剥离。一般应在产后 18~36 小时内进行。执行剥离的人,要将手臂严格消毒,按照既不使胎衣有任何残留、又不使母体胎盘损伤的原则,小心地将子叶逐个剥离;然后灌注金霉素、土霉素等抗生素,或防腐药等,如 0.2%雷佛奴尔、0.1%呋喃西林溶液等 300~500 毫升,每天 1 次,连续

2～3 次。

第三，也有让其自然脱离的，就是先把露在阴门外的胎衣剪掉，然后是往子宫内灌注酶制剂让胎盘和胎膜加速分解，并辅以防腐药或抗菌药防止感染，每天 1 次，直至脱落后再灌注 1 次。

为预防胎衣滞留，产前应加强饲养管理，增加妊娠母牛的运动量和光照时间，注意补给适量的钙、磷等矿物质，以防止本病的发生。

169. 阴道脱出的病因、症状及预防措施是什么？

阴道脱出和子宫脱出是奶牛体质虚弱表现的一种常见病。

(1)病因 由于固定阴道的组织和阴道壁本身松弛，再加上妊娠后期腹腔内压增大，使阴道壁凸出到阴门外。年龄偏大、体质虚弱、运动量不足或运动场面积不足、采食了雌激素含量较大的饲草或发霉的玉米等，都会诱发本病。

(2)症状 奶牛卧下时从阴门露出一球状物，初期较小，呈粉红色，站立后能够收回，随着病程进展，脱出物加大，颜色变得暗淡，甚至被粪便和泥土污染，继而发生溃疡或坏死。

(3)防治 针对病情采用保守或手术疗法。对于轻症临产牛用保守疗法，单独饲养，使牛床后面高于前面 5～15 厘米，有一定防治效果，产犊后一般能复位。

手术疗法：对阴道完全脱出和不能自行复位的部分脱出病例，要进行局部清理和整复固定。脱出部分用生理盐水或 0.1％高锰酸钾溶液消毒，再用 3％温明矾溶液清洗，使其收缩变软，对于有损伤的部分应予缝合。对水肿严重的可用热毛巾敷10～20分钟使其体积变小。将奶牛固定在特制的前低后高的牛床上,以利于整复脱出的阴道。先由助手用纱布将脱出的阴道托起至阴门部,术者用手掌趁患牛不努责时往阴门内推送,待全部送入后,再用拳头将阴道顶回原位。这时手臂应在阴道内停留一段时间,以免努责时阴道再次脱出。用双内翻缝合固定法,在阴门裂的上1/3处从一侧阴唇距阴门裂3厘米处进针,从距阴门裂0.5厘米处穿出,越过阴门在对侧做相同的对称缝合。然后再在出针孔之下2～3厘米处进针,从对侧出针束紧线头打一活结,以便在临产时易于拆除。根据阴门裂的长度必要时再用上法做1～2道缝合,但要注意留下阴门下角,便于排尿。另外,在阴门两侧外露的缝线和越过阴门的缝线套上一段细胶管,以防止强烈努责时缝线勒伤组织。缝线应牢固,能承受很大的压力,同时均在母牛分娩前拆除。阴道脱出整复后,也可用绳将阴门压定器(又名阴道托)固定在阴门裂上。术后将病牛置于前低后高的牛床上进行饲养,为防止继续努责,可适当给些镇静剂,局部涂布碘甘油或其他消毒防腐药。如果有全身症状,应连续注射3天抗生素,完全愈合后再进行拆线。

170. 子宫炎的病因、症状及预防措施是什么?

(1)病因　引起子宫内膜炎和子宫蓄脓症的主要细菌是链球菌、葡萄球菌、化脓杆菌、大肠杆菌、棒状杆菌、嗜血杆菌、还有牛羊的布氏杆菌、胎儿弧菌、牛腹泻病毒、支原体等;急性子宫感染多发生于分娩时或产后,因这时细菌最易侵入,人工授精时使用的器具消毒不彻底及不卫生的注入操作都是细菌侵入子宫的原因;如果只有少数的细菌侵入子宫,常常不引起发病,一般认为细菌繁殖引起发病取决于子宫黏膜抵抗力的强弱及激素的状态。

(2)症状　病牛从阴道排出白色浑浊的黏液或脓样不洁分泌物,尤其在卧下时排出特别多,排出物可污染尾根和后躯,所以是很容易被发现的一种疾病。一般在分娩后胎衣滞留、难产、死产时,由于子宫收缩无力,不能排出恶露,子宫恢复很慢,造成大量细菌繁殖,脓样分泌物在子宫内潴留后而成为子宫蓄脓症。病牛表现为拱腰努背,体温升高、精神沉郁、食欲、产奶量明显降低,反刍减弱或停止,阴道检查子宫颈外口呈肿胀和充血状态,直肠检查子宫壁呈增厚状态。

(3)防治　平时的预防尤为重要,要做到早期发现,早期治疗,一般分娩后经过 2 周以上分泌大量不干净的黏液和不到发情期就排出黏液的牛,大多数患有子宫炎;在助产和摘除胎衣时,手伸入产道之前,要用温肥皂水很好地擦洗肛门和阴部周围。术者也要戴上消毒过的乙烯树脂手套;在刚分娩后的 4~5 天内要让牛趴在清洁的草上是重要的;授精前也要与分娩时一样处置肛门和阴部周围,然后用干燥清洁的毛巾擦净,才能进行输精。

不清洁的接产,产后不合理的管理及不卫生输精操作都是引起子宫炎的诱因,所以我们在日常管理中必须引起充分的注意。在治疗中,对分泌物较多的黏液脓性子宫内膜炎,要用大量的生理盐水冲洗子宫内不洁的异物,排净洗液后,向子宫内输入抗生素类消炎药物;对隐性子宫内膜炎不用冲洗子宫而直接向子宫内输入药物即可以;对子宫蓄脓症,除了加强子宫的洗涤外,可注射雌激素和前列腺素。

171. 口炎的病因、症状及预防措施是什么?

口炎指口腔内舌、齿龈、腭及颊部黏膜的炎症,以局部温度增高、疼痛、咀嚼缓慢、流涎为特征。

(1)病因 因采食麦秸、大麦芒或枯梗秸秆而直接刺破口腔黏膜;由于误饮了热水、或犊牛饮用刚煮沸的牛奶等;投药时粗鲁,使用开口器或胃管不慎等机械性损伤了口腔黏膜;因给予强酸或强碱等有刺激性药物;采食了腐败饲料、发霉饲料及有毒植物。

(2)症状 病牛采食小心,咀嚼缓慢;唾液分泌增加。呈白色泡沫牵丝状;口腔黏膜充血潮红、肿胀,口温上升,有多量舌苔;口臭,在唇、颊、硬腭及舌面等处有创伤或烂斑。水疱性口炎,黏膜上有大小不等的水疱。一般精神正常,体温无明显变化,舌创病牛体温升高,精神沉郁。

(3)治疗 首先要去除病因,如拔除扎在口腔的芒刺等,喂给经碾压的麦秸、大麦芒等柔软的饲料。药物疗法,一般可用1%食盐水、2%~3%硼酸液或2%~3%碳酸氢钠溶液冲洗口腔,每日2~3次,口腔恶臭时,可用0.1%高锰酸钾液洗口腔;口腔分泌物过多时,可用1%明矾液或鞣酸液洗口。口腔黏膜或舌面发生烂斑或溃疡时,洗口后还可用碘甘油(5%碘酊1份、甘油9份)、2%甲紫液或1%磺胺甘油乳剂涂抹创面,每天1~2次。对严重的口炎,用长效磺胺粉10克加明矾2~3克装入布袋内口衔,每日更换1次,效果良好。

平时注意饲料卫生,及时修整病齿,防止误食尖锐及刺激性物质。

172. 前胃弛缓的病因、症状及预防措施是什么?

前胃收缩运动力量的减弱为本病特征。

(1)病因 过多饲喂难以消化的富有坚硬粗纤维的干草、秸秆等粗饲料,精料过多或饲喂粥糊状、干粉状饲料过多,饲喂霉烂变质的饲料,长途运输,饲养制度突然改变等,可促进本病发生。此外,本病常作为其他许多疾病的一种临床症状,如酮病、产后瘫痪、创伤性网胃炎、焦虫病,以及多种热性传染病。

(2)症状 食欲、反刍减少或废绝,流涎、口臭,触诊左肷部感觉瘤胃壁紧张性降低,听诊瘤胃蠕动音减弱,重症时蠕动音消失。初期粪干少,后期可继发肠炎,恶臭带黏液的腹泻,体温可能升高,急性原发性及时治疗 2～4 天康复。

(3)治疗 减食或禁食 1～2 天,内服兴奋前胃药物,如龙胆酊 20～30 毫升、马钱子酊 15～20 毫升、陈皮酊 20～30 毫升或稀盐酸 15～20 毫升。小剂量下泻,如液状石蜡 500 毫升,硫酸钠(镁)300 克,加水配成 8% 左右的溶液,内服。防止发酵,如来苏儿 15 毫升、或鱼石脂 10 克,加酒精适量溶解后,加水内服。

173. 瘤胃积食的病因、症状及预防措施是什么?

瘤胃积滞大量的饲料,瘤胃体积增大和瘤胃消化功能紊乱。

(1)病因 过食是主要的原因,其他如采食过多的干硬容易膨胀的饲料,饮水不足,过度劳役,尤其是饱食后立即重劳役,可促进本病发生。某些毒物中毒,可引起继发性瘤胃积食。

(2)症状 体温正常,无食欲,反刍减少或停止,腹围增大,左肷部最为明显,触诊充满捏粉状或坚硬的内容物,听诊瘤胃蠕动音减弱或停止,严重的食滞可影响呼吸和心跳,排粪减少或停止,少数病牛可伴有轻度腹痛。病程 1~3 天。一般预后良好。

(3)治疗 首先绝食,但可饮水,左肷部按摩,促进反刍和瘤胃蠕动。药物治疗参见前胃弛缓,严重病例可配合强心、输液等对症治疗;如药物治疗无效,可进行瘤胃手术。

174. 瘤胃臌气的病因、症状及预防措施是什么?

瘤胃内饲料急剧发酵产气,瘤胃迅速扩张。

(1)病因 大量采食容易发酵的饲料,如开花前的豆科牧草,发酵霉败饲料,冰冻或霜雪露水浸湿的饲料,突然改变饲养制度,继发于某些毒草中毒和食管阻塞等疾病。

(2)症状 腹围迅速增大,并有摇尾踢蹴、回顾腹部、不安等腹痛症候,左肷凸起可超过背之上,叩诊为臌音,随臌气严重发展,病情迅速恶化,呼吸高度困难,心率每分钟达 120 次以上,黏膜发绀,体表静脉淤血怒张,眼球突出,全身出冷汗,站立不稳,可突然倒地抽搐死亡。病程短,1~2 小时就可能窒息死亡,如及时抢救,预后良好。

(3)防治 插入胃导管排气,臌气危及生命时,应立即进行瘤胃穿刺放气。内服制酵剂和小剂量清泻药(参阅前胃弛缓)。危重病牛配合应用强心剂、中枢神经兴奋药等。某些瘤胃臌气为泡沫性瘤胃臌气,应先内服甲基硅油、蓖麻醇酸、环氧乙烷或松节油、液状石蜡等,再进行瘤胃穿刺放气才能奏效。

175. 创伤性网胃炎的病因、症状及预防措施是什么?

(1)病因 牛吞食混杂在饲料内的尖锐异物后,网胃收缩运动致使异物刺伤网胃甚至穿孔,引起网胃和腹膜的炎症。异物再向前刺伤心包,可引起创伤性心包炎。有时可刺伤肺脏、肝脏等组织,引起相应器官的炎症。饲料内混杂铁丝、铁钉等尖锐杂物是本病的原因,异嗜癖、妊娠后期腹压增高可促进本病发生。

(2)症状 突然发病,体温升高、精神高度沉郁,呆立不愿走动,喜前高后低的体位姿势,被毛逆立,肘肌群颤抖和肘突外展,腹下网胃区叩诊或用杠棒向上顶压,呈现敏感疼痛反应,粪便潜血检查阳性。临床还表现出继发性的前胃弛缓、瘤胃积食等症候。创伤性心包炎除上述症状外,心率快,每分钟达 120 次左右,听诊心音可出现拍水性杂音,心区叩诊浊音界扩大,病后期体表静脉淤血怒张,下颌间和胸前肉垂部水肿。

(3)防治 保守疗法:禁食,可饮水,肌内注射或静脉注射大剂量广谱抗生素如链霉素、卡那霉素和青霉素等;静脉注射葡萄糖液、5%碳酸氢钠液和维生素 C 等;内服无刺激的清泻药液状石蜡 600~1 000 毫升等,促进胃肠内容物排出。预后:大部分能恢复,但很可能再次发生扎伤,或转慢性,创伤局部发生粘连,影响消化,经常发生慢性瘤胃臌气、前胃弛缓等病症。创伤性心包炎治愈希望极小,一般均淘汰。

预防关键是防止尖锐异物混入饲料。在加工饲料时,通过高性能电磁铁装置的吸附,除去铁质异物;定期用金属探测仪检查牛网胃,发现有铁质异物,可用吸铁装置经口腔插入网胃内吸取出来。

176. 瓣胃阻塞的病因、症状及预防措施是什么?

(1)**病因**　大量采食含粗纤维较高的粗饲料(如豆秸、稻草、小麦秸等)、或者细碎坚实的饲料,再结合饮水受到限制,由于瓣胃是吸收瘤胃内容物水分的重要消化器官,使瓣胃壁长期受机械性压迫,逐渐由兴奋转为抑制,开始聚集阻塞。混有大量泥沙的粗饲料在通过瓣胃时,缺乏饮水使泥沙沉积于瓣胃褶,形成了阻塞。

(2)**症状**　病初精神沉郁,食欲下降,空口磨牙,鼻镜干燥,眼结膜充血;严重时,鼻镜龟裂,呻吟,磨牙,粪便减少,粪便呈胶冻状或黏浆状,恶臭;之后出现顽固性便秘。在右体侧第七和第九肋骨间与肩关节水平线交点处,触诊或叩诊瓣胃时有痛感。后期因严重脱水或营养衰竭死亡。

(3)**治疗**　病初用盐类或油类泻剂灌服,以疏通瓣胃。一般用硫酸镁 500~1 000 克,配制成 8%溶液用胃管灌服,或液状石蜡 1 000 毫升灌服,结合多饮水,用青绿饲料代替粗硬的、含粗纤维较高的粗饲料。中期病牛可直接在瓣胃注入上述泻剂,或者切开瘤胃,用胃管往瓣胃灌入生理盐水,反复冲洗,最后疏通为止。

177. 胃肠炎的病因、症状及预防措施是什么?

(1)病因 饲料品质低劣、霉败变质、混杂过多的泥沙,饲喂不定时、不定量和精料过多,饮水不洁和暴饮,淋雨受寒,毒物和化学药品的刺激,营养不良,长途运输等应激常促进本病发生。犊牛的发病率远比成年牛高。继发性胃肠炎见于某些传染病、寄生虫病和内科病,如牛副结核、球虫病、前胃弛缓等。

(2)症状 一般体温升高达 40℃以上。无食欲,反刍停止,精神委顿,饮欲增加,腹泻,排带有黏液、假膜、脓液或血液恶臭的稀粪,病情严重时,可引起肛门松弛,排粪失禁,频繁努责,严重脱水,眼窝下陷,皮温下降,黏膜发绀。衰竭卧地不起是病危的征象。血液浓稠,红细胞压积可达 50%以上。

(3)治疗 磺胺脒,每日 3 次,每次 30～50 克,内服。肌内注射庆大霉素。呋喃唑酮每日每千克体重 10～15 毫克,分3 次内服,连用 2～4 日(不宜使用过久)。防治脱水,静脉注射 5% 葡萄糖、生理盐水、复方氯化钠液,每次 1 500～3 000 毫升。防治酸中毒,5% 碳酸氢钠液 500 毫升,静脉注射。日输液 3～4 次。配合肌内注射中枢神经兴奋药安钠咖、尼可刹米等药。

178. 尿素中毒的症状及预防措施是什么?

为了应对蛋白质饲料的不足和降低精料补充料的成本,有时在奶牛精料补充料中使用尿素,如使用不当时会引起尿素中毒。

(1)原因 日粮中蛋白质水平较高,却还添加尿素;日粮中蛋白质水平尽管不高,但添加尿素总量过多;使用尿素时没有设置过渡期,突然大量使用;尿素和精料补充料混合不均匀;1次饲喂1天的用量;将尿素溶于水中饮服;饲喂添加尿素的日粮后1小时内饮水;6月龄以下犊牛使用等都会引起中毒。

(2)症状 饲喂后0.5~1小时发病,唾液分泌过多,伴有泡沫,呻吟,肌肉颤抖,步态不稳,呼吸困难,进一步发展时出现全身性痉挛,最后窒息死亡。

(3)治疗 轻症用食醋(或1%~2%的醋酸)1 000~3 000毫升灌服,重症配合硫代硫酸钠50~100克静脉注射。

179. 亚硝酸盐中毒的症状及预防措施是什么?

(1)原因 采食富含硝酸盐的饲草料。这些饲料包括:大量施用氮肥或家畜粪尿的土地上、或者在长期日照不足的土地上生长的青绿牧草或作物秸秆,施用过除莠剂后的青绿牧草或作物秸秆。

(2)症状 精神沉郁,茫然呆立不动,当强迫运动时步态蹒跚,食欲不振甚至废绝,反刍停止,口角有大量带有泡沫的涎水,磨牙,呻吟,尿量少而尿频,同时呈现腹疼、腹泻等症状。重病奶牛全身肌肉震颤,四肢无力,可视黏膜发绀,颈静脉怒张,最后因窒息死亡。

(3)治疗 使用甲苯胺蓝制剂,按照5毫克/千克体重,制成5%注射液静脉或肌内注射;或1%美蓝(亚甲蓝)注射液,按照2毫升/千克体重静脉注射,同时内服或注射大剂量维生素C(静脉注射5~20毫克/千克体重)。

180. 棉籽饼中毒的病因、症状及预防措施是什么?

棉籽饼(粕)是奶牛常用的、比较经济的蛋白质饲料,当长期大量饲喂棉籽饼(粕)时,因为棉酚和环丙烯类脂肪酸的积聚引起中毒。

(1)病因 犊牛阶段因为瘤胃功能不完善,对棉酚的易感性较强;成年牛在日粮蛋白质水平比较低、维生素 A 缺乏和长期大量饲喂棉籽饼(粕)时也引起中毒。

(2)症状 慢性中毒的病牛,食欲减退,消化功能紊乱,消瘦,频尿或尿闭,夜盲,流产等。也能引起肺脏、肝脏等器官发生炎症。急性中毒者,出现食欲废绝,反刍停止,瘤胃消化不良现象,心跳增加,黏膜发绀,全身肌肉发抖,失去运动平衡能力等。

(3)治疗 5%糖盐水 5 000~10 000 毫升,分 2~3 次静脉注射,每次再加 5%碳酸氢钠注射液 500 毫升静脉注射。重症时投服泻剂硫酸镁 500~1 000 克,制成 10%溶液 1 次灌服。

(4)预防 不用棉籽饼喂犊牛;经加热处理,或用水浸泡后再饲喂。也可用 2%石灰水或 2.5%碳酸钠(食用碱面)溶液浸泡 1 夜,然后用清水漂去碱后应用。饲喂棉籽饼的同时应补给青绿多汁饲料。成年牛则保证日粮不缺乏维生素 A。

181. 黄曲霉菌毒素中毒的病因、症状及预防措施是什么?

它是由于牛食入感染黄曲霉菌的花生、玉米、大麦、小麦、稻米、棉籽、豆类制品或饼（粕）而引起的疾病。

(1)症状 本病呈慢性。病牛表现厌食，消瘦，精神不好，腹泻。有的牛突然兴奋转圈，昏厥死亡。

(2)治疗 本病无特效治疗药，主要应防止饲喂发霉的饲料。对于重症病牛，除及时投服盐类泻剂外，还要应用一般解毒、保肝药物。如25%～30%葡萄糖注射液，加维生素C制剂，或应用20%葡萄糖酸钙注射液500～1 000毫升，1次静脉注射。

(3)预防 做好饲料的防霉和有毒饲料的脱毒两个环节。饲料发霉的两个主要因素是温度和空气相对湿度，因此在谷物收割和脱粒过程中，勿遭雨淋，脱粒后暂时贮存过程中防治发热，做到充分通风、晾晒、迅速干燥。长期贮存过程中，用40%甲醛溶液熏蒸（每立方米用40%甲醛溶液25毫升，高锰酸钾15克，加水12.5升混合）或过氧乙酸喷雾（每立方米用5%过氧乙酸2.5毫升喷雾）抑制霉菌。

脱毒的方法是：用0.1%漂白粉混悬液浸泡1夜，然后用清水漂去后应用。

182. 怎样防治体内寄生虫?

(1)肝片吸虫病 它是由肝片吸虫寄生于牛的肝胆管内引起的疾病，多呈慢性。

①**主要症状** 病牛逐日消瘦，毛粗无光泽，易脱落，食欲不振，消化不良，黏膜苍白，牛体下垂部位水肿。

②**防治方法** 每年春、秋两季都应给牛驱虫。发现病牛，可用中药，贯仲12克、槟榔30克、龙胆12克、泽泻12克，共研末，用水冲服。西药可口服硫双二氯酚（别丁），按每千克体重40～60毫克；或口服硝氯酚（拜耳9015），每千克体重5～8

毫克；或口服血防846，每千克体重125毫克；或口服六氯乙烷，每千克体重200～400毫克。

(2)牛皮蝇蛆病 它是由皮蝇的幼虫寄生于牛体背部皮下而引起的疾病。

①*主要症状* 当夏季成蝇在牛体产卵时，可引起牛恐惧，精神不安，乱跑，影响牛的休息和采食。当幼虫寄生在牛的背部皮下时，背部出现臌包、脓疱、脓肿，患牛背部臌起顶端有小孔的小疱，用手挤可挤出虫体。寄生的虫体数量多时，可使牛消瘦、贫血。春天虫体脱出于泥土、草丛中蜕变为成蝇。

②*防治方法* 寄生数量不多时，可用手指用力挤出虫体，或用2%美曲膦酯(敌百虫)溶液注入虫体寄生部位。寄生数量多时，可每隔30天，用2%敌百虫溶液擦洗背部1次。

对本虫严重流行区，可在冬季用敌百虫水溶液为牛肌内注射，用量为每千克体重30～40毫克；或肌内注射倍硫磷，按每千克体重4毫克使用；或口服皮蝇磷，按每千克体重110毫克服用。牛对敌百虫敏感，使用时必须严格投药量。

(3)绦虫病 是绦虫寄生于牛的小肠中引起的疾病，对犊牛危害较大。

①*主要症状* 由于绦虫体很长，常结成团块阻塞肠道。虫体生长很快，能大量吸取牛的营养，并产生毒素。所以，使牛变瘦、贫血、腹泻等，粪便中常见到白色米粒状或面条状的虫体节片。

②*防治方法* 此病牛、羊共患，应防止羊对牛的感染。治疗方法为一次口服1%硫酸铜溶液120～150毫克，或服砷酸铅0.5～1克，用后给蓖麻油500～800毫升，或口服驱绦灵，每千克体重50毫克。

(4)多头蚴病(脑包虫病) 是由寄生于狗肠道的多头绦

虫的幼虫,转寄生在牛的脑组织中引起的疾病。

①主要症状　病牛除消瘦、沉郁、减食外,还有神经症状。常卧地不起,反应迟钝,一侧眼睛失明或视力减退,将头转向一侧,并做旋转运动,步伐不稳;或垂头走路,直到碰到物体时止。脑包虫寄生部位头骨变软。

②防治方法　主要预防措施是给狗口服3～6克槟榔驱除绦虫;或捕杀野狗,以防止此病的传染。

牛发病后,主要是进行头颅手术,将脑包虫囊体取出。

183. 怎样有效防治体外寄生虫?

奶牛体外寄生虫不仅使奶牛焦躁不安、休息不宁,还与牛体争夺营养物质、且分泌一些有毒有害物质,干扰养分在体内的代谢。防治体外寄生虫是奶牛疫病防控的重要内容。

(1)蜱　俗称草爬子。蜱的种类很多。腹有4对肢,雄虫体小,雌虫吸血后虫体可大到蓖麻籽大。蜱发育需经过卵、幼虫、若虫和成虫4个阶段。一般产卵在地面土石和墙缝隙中,幼虫爬到宿主体表吸血,不同种蜱的幼虫发育到成虫,有的仅需在同一中间宿主完成,有的需2或3个中间宿主。

①蜱的危害　是一些传染病和寄生虫病传播的中间环节;吸血和其唾液分泌的毒素,引起牛体消瘦、贫血、局部皮炎、衰弱。

②防治　人工摘捕牛体表的蜱或喷洒1%敌百虫溶液。翻耕、轮作草地和灌木丛地,修理堵塞厩舍墙和地面缝隙。

(2)螨　体表寄生虫。常见的有疥螨和痒螨,长0.2～0.8毫米,采食组织和吸食淋巴液。主要通过接触传染,发育需经过卵、幼虫、若虫和成虫4个阶段。患部出现不规则的小秃斑,主要是被毛较少的部位,如头、颈部,上附鳞屑,痒感强烈,摩擦啃咬可引起皮炎,被损后形成痂皮,皮肤粗糙增厚,多皱褶,消瘦,生长发育不良。可刮取皮屑在低倍显微镜下检查螨的存在。

可用2%敌百虫溶液涂搽患部,每次用量不超过10~12克,间隔2~3天,连续2~3次。彻底清扫厩舍,并用2%敌百虫溶液喷洒杀虫。

(3)虱　牛虱分为两类:一类吸血危害较严重,如牛血虱;另一类摄食皮屑为主,如牛毛虱。为永久寄生性昆虫。牛血虱体长2~3毫米。致病作用包括吸血和局部发痒,奶牛不安和皮肤损伤,严重的可引起贫血,消瘦和生长发育缓慢。可用0.5%~1%敌百虫溶液喷、擦皮肤,10~15天后重复1次。

十、牛场经营管理

184. 牛场的劳动定额怎样规定？怎样合理组织生产提高劳动生产效率？

(1)劳动定额 是在一定生产技术和组织条件下,为生产一定的合格产品或完成一定的工作量,所规定的必要劳动消耗量。根据奶牛场的机械化和自动化水平、每个人的劳动能力和技术熟练程度等,规定适宜的劳动定额是降低生产成本、提高劳动效率的核心内容。下面是一般的定额,供参考。

①配种 定额200～250头,按计划对适配牛配种,保证总受胎率在96%以上,受胎母牛平均使用的冷冻精液在3.5粒(支)以下。

②兽医 定额200～250头,防控疫病,保障牛群健康,控制医药费和死亡率等。

③挤奶 手工挤奶定额10～12头,手推式挤奶机15～16头,管道式挤奶30～40头,挤奶厅60～80头。负责清洗、按摩乳房和挤奶,清洗挤奶器具,打扫奶厅,记录产奶量,协助观察母牛发情等。

④饲养 成年母牛50～60头,哺乳犊牛35～40头,育成牛60～70头。负责母牛饲喂、饮水、牛舍、牛体及运动场卫生,观察母牛食欲和协助观察发情。哺乳犊牛成活率达到95%以上,日增重0.7千克以上。育成牛日增重0.7千克以上,成活率达到98%以上。

⑤饲料加工 定额120～150头,负责饲料入库、加工粉

碎、清除异物、配制混合、供应各牛群。

⑥**产房工** 定额18~20头,负责围产期母牛饲喂、饮水,牛舍、牛体及运动场卫生,观察临产征兆、协助接产及挤奶工作。

(2)管理 为提高劳动生产效率,牛场应对牛实行分群、分舍、分组管理。

①**分群** 是按牛的年龄、生理阶段、生产性状特点分为成年母牛群、育成牛群和犊牛群。

②**分舍** 是根据牛舍床位,分舍饲养。牛舍的床位一般为60头的倍数为合适。

③**分组** 手工挤奶时,最好使饲喂与挤奶合一,并进行合理分组。分组是根据牛群头数和牛舍床位,分成若干组。每组的头数以12头为单位分组,便于管理。

机器挤奶时,最好以牛舍为单位,按挤奶台的容量确定。根据劳动定额配备。机器挤奶时牛舍的床位为60头,手推车挤奶时每组的头数为15头,可有效提高劳动效率。建议牛群按照定额倍数确定,规模为300~600头。

185. 养牛场应建立哪些规章制度?

合理的规章制度是提高奶牛场劳动生产效率和管理水平的有效措施和保障条件,奶牛场的规章制度主要有以下几种。

(1)养牛生产技术操作规程 包括犊牛及后备牛的饲养管理操作规程、奶牛饲养管理操作规程、人工授精操作规程、牛奶处理室的操作规程、饲料加工室的操作规程和防疫卫生操作规程等。该规程可使各项工作有章可循,是进行监督、检查和评比的重要依据。

(2)岗位责任制 根据工种、劳动定额情况,采取竞争上岗,使每个工作人员明确该岗位的工作范围和职责,以及工作人员之间的关系(平行或领导与被领导),严格规定职权、责任范围。

(3)分级管理和分级核算的独立经济体制 充分发挥基层班组的生产积极性和主动性,尊重他们的劳动成果,降低生产成本,有利于增产节约。

(4)奖惩制度 根据岗位责任制等上述规章制度的执行情况、贡献大小等实行奖惩。

186. 怎样建立岗位责任制?

为了保证奶牛场有序、高效组织生产,不仅需要有科学合理的人员配置,还要求实行严格的岗位责任制。一般根据饲养头数的 3‰ 左右进行人员编制。可采用直线制进行管理,即场长负责一切指挥和管理。根据需要,可设置相应的其他管理人员,一般按场长、副场长、生产技术人员、兽医、财会人员、后勤人员、饲料加工人员、饲养人员和检验人员设置。在不违反国家有关劳动法规下,人员配置越少越好,小型牛场必须采取一人多职,简化机构,提高效率,冗员往往是企业失败的主要原因之一。

建立岗位责任制,就是对牛场的各个工种按性质不同,确定需要配备的人数和每个岗位的生产任务,做到分工明确,责任分明,奖惩兑现,达到充分合理利用劳力,不断提高劳动生产率的目的。

每个岗位担负的工作任务必须与其技术水平、体力状况相适应,并保持相对稳定,以便逐步走向专业化,发挥其专长,不断提高业务技术水平。工作定额要合理,做到责、权、利相结合,贯彻按劳分配原则,使完成任务的优劣直接与个人的经济利益挂钩,建立奖惩制度,并保证兑现。每个工种、饲养员的职责要分明,同时要保证彼此间的密切联系和相互配合。因此,在养牛人员的配备中,必须有专人对每个牛群的主要饲养工作全面负责,其余人员则配合搞好其他各项工作。

(1)奶牛场场长职责

第一,认真贯彻执行《中华人民共和国动物防疫法》和国家有关的各项规定。

第二,每天检查场里的各项工作完成情况,检查兽医、饲养员、饲料员的工作,发现问题及时解决。

第三,对采购各种饲料要详细记录来源、产地、数量和主要成分。

第四,把好进出栏牛只的质量关,确保牛奶优质、奶牛无病。

第五,执行劳动部各种法规,合理安排职工的上岗、生活等问题。

第六,做好员工思想政治工作、关心员工的疾苦,使员工精神饱满地投入工作。

第七,牛场饲草料生产、购置、肥牛销售的计划与掌握计划执行及临时决策。

第八,提高警惕,做好防盗、防火工作。

(2)兽医职责

第一,负责牛群卫生保健,全场疾病(如乳房炎、繁殖系统疾病)的监控和治疗,定时的检疫和免疫注射。

第二,制定药品和器械的采购计划。

第三,定时到牛舍巡视,密切与饲养员的联系,及时发现病牛,及时治疗。

第四,认真细致地进行疾病诊治,充分利用检验室提供的科学数据。遇疑难病例及时汇报。做好疾病的诊治记录和总结经验,组织力量检修牛蹄,监测乳房炎,检查蹄浴情况。

第五,进行牛场的环境消毒和牛群的驱虫(每年4月份和11月份各1次)等工作。

第六,培训饲养员预防疾病最基本的知识,提高员工素质,降低医疗费用。

第七,要刻苦钻研业务,不断提高业务水平。

(3)人工授精员职责

第一,会同畜牧技术人员于每年末制订翌年的逐月配种繁殖计划,每月末制订下月的逐日配种计划。

第二,制定精液、液氮及配种器械的采购计划。

第三,做好发情鉴定、人工授精、妊娠鉴定工作,及时输精,严格按技术操作规程输精。

第四,定时检查生殖系统疾病,做好不孕症的防治并做好记录,会同兽医治疗产科病。

第五,做好选配工作,以及通知或发放产犊通知单、奶牛进出产房的管理等。

第六,及时填写发情记录、配种记录、妊娠检查记录、流产记录、产犊记录、生殖道疾病治疗记录、繁殖卡片等。按时整理、分析各种繁殖技术资料,统计受胎率、繁殖率等资料,并及时、如实上报。

第七,普及奶牛繁殖知识,掌握科技信息,推广先进技术和经验。

(4)畜牧技术人员职责

第一,根据奶牛场生产任务和饲料条件,拟定奶牛生产计划、饲草饲料计划。

第二,制定牛群周转计划(各类牛只淘汰或出售时间、数目、产犊时间等)。

第三,按照各项畜牧技术规程,拟订奶牛的饲料配方和饲喂定额。

第四,制订育种和选种选配方案,组织力量进行牛只体况评分和体型线性评定、生长发育测定等。

第五,负责牛场的日常畜牧技术操作和牛群生产管理,对生产中出现的畜牧技术事故,要及时报告,并组织相关技术人员及时处理。

第六,配合场长(经理)制定、督促、检查各种生产操作规程和岗位责任制贯彻执行情况。

第七,总结本场的畜牧技术经验,传授科技知识,填写牛群档案和各项技术记录并进行统计整理。

(5)饲养员职责

第一,遵守牛场的各项规章制度,一切行动从牛场、牛只着想,体贴、关心、爱护牛,不允许虐待、打骂牛。

第二,每天按时作息,对牛只进行饲喂、饮水、刷拭,清扫牛舍和运动场等。

第三,注意检查饲草料中有无铁钉、铁丝、碎玻璃、塑料布和霉烂的饲草料等,一经发现,立即拣掉。

第四,勤添饲草,在牛下槽时,牛槽内应剩有可吃的剩草。

第五,每天对牛群进行全面的、细致的观察,发现牛有发情、行为异常等情况,立即报告有关人员,并协助有关人员解决。

第六,协助兽医进行驱虫,去角、防疫注射、乳房炎检查等工作。

第七,定期用兽医指定消毒液对牛舍、饲槽、水槽等进行消毒。

第八,要节约饲草饲料,爱护公共财物,经常检修奶牛运动场等活动场所。

(6)挤奶员职责

第一,遵守牛场的各项规章制度,在挤奶操作中每天对牛的乳房进行全面的、细致的观察,发现异常情况,立即报告有关人员,并协助有关人员解决。

第二,每次按照场里规定时间做挤奶准备和挤奶工作。手工挤奶时先清除牛床粪便,用 45℃～50℃温水在牛体右侧洗乳房,用一次性纸巾擦干,按摩乳房,每头牛应用不同的洗涤桶和洗涤用水。机器挤奶时,应按照挤奶厅的要求做好准备工作。

第三,手工挤奶时,蹲在牛体右侧,先把每个乳头的前三把奶挤在特制容器里,经过感官检查,如不是乳房炎奶或异常奶,然后先挤两个前乳头,最后再挤两个后乳头,快挤完时,再按摩乳房,争取在 8 分钟内挤完 1 头牛。机器挤奶时,应按照挤奶厅的要求做准备工作,接奶杯时,先接后乳头杯,再接前乳头杯,操作人员不得离开现场,避免空吸引起乳房炎。

第四,挤完奶后,用乳头消毒液(如碘液、氯己定、新洁而灭等)消毒乳头。

第五,挤完一头牛后,进行牛奶称重,并记录该牛的产奶量。整个牛群挤完后,清洗挤奶用具并进行消毒。

第六,先挤健康牛的奶,再挤患乳房炎的牛。

第七,手工挤奶应用拳握式方法,特殊情况下(乳头过短)可用下滑式方法。

第八,挤奶完毕,清除粪便,清扫牛床或挤奶厅,关灯、关窗,经过检查后方可离开牛舍。

187. 奶牛场生产人员应具备什么条件?

参加奶牛场第一线的工作人员应具备的条件。

身体健康,特别是不允许患有任何传染病或是病原携带者、化脓性皮肤病的人员,上岗前经过当地防疫部门体检后颁发健康合格证的人。

性情温和,身手敏捷,神经反应正常的人,对牛的一些行为不能反应过度或过慢。

热爱该职业,勤劳,对工作认真负责。

家中不经营奶牛养殖、收奶、贩卖牛等与本行业密切相关产业的人员。

有较强学习新知识欲望的人员。

188. 怎样制定奶牛场的工作日程?

合理的工作日程是提高奶牛产奶量的重要环节。由于任何工作日程经过一段时间实施后,就会使奶牛形成特定的条件反射,因此不能随意改变。

奶牛场的工作日程根据牛场的规模、机械化程度高低和劳动组织形式而有所不同。一般有两次上槽、两次挤奶;两次上槽、三次挤奶;三次上槽、三次挤奶;自由采食、三次挤奶等形式。如果两次上槽的时间间隔为 12 小时、三次上槽的时间间隔均为 8 小时,那么分别叫两次均衡或三次均衡上槽。

奶牛是把饲料中养分转化为牛奶的动物,两次上槽由于缩短了奶牛总的采食时间和采食量,限制了高产奶牛的生产潜力,只适合低产奶牛,这种形式饲养员工作量较低,对于年产奶量超过 5 000 千克的奶牛,宜采用三次上槽或自由采食、三次挤奶的形式,这种形式不仅能提高产奶量,还能提高奶的质量。

在其他情况一样的前提下，上槽和挤奶次数越多，产量越高且奶的质量也越高，三次均衡上槽形式比三次不均衡上槽能提高牛奶的产量和质量。

制定奶牛场的工作日程既要考虑奶牛群本身的产量，同时也要结合当地劳动力供给情况和从饲养员的健康角度考虑。三次均衡上槽形式不利于饲养员的休息，因此最适合的形式可能是三次不均衡上槽、三次挤奶形式。如某奶牛场的工作日程：早晨 6:00～8:30，午后 14:30～17:30，夜间 21:00～23:00。

189. 牛场各月份管理工作的要点是什么？

牛场生产工作项目繁多，但常规工作有一定规律性。全年各月份的工作要点大致如下。

(1)一月份 要做好防寒保暖工作，通过舍内勤换垫草、勤除粪尿、保持清洁干燥、防止寒风贼风侵袭等措施做好防寒保暖工作，尤其要注意哺乳犊牛、弱牛、妊娠母牛的安全越冬；做好妊娠母牛保胎工作，即防治母牛吃冰冻青贮、饮冰水和因为泡料形成的冰冻精料等；收集、整理和研究新年度生产计划；奶牛场日常工作安排。

(2)二月份 继续搞好防寒越冬工作，积极开展春季防疫、检疫工作。

(3)三月份 利用春季气候特点，抓好奶牛，尤其是对有难孕顽疾牛的繁殖工作；对牛群进行驱虫；对牛场环境彻底清扫、消毒；要抓住时机搞好植树造林、绿化牛场工作。

(4)四月份 继续抓好繁殖和牛场绿化工作；采取有效措施防治春季因风沙大引起的应激，保证生产性能不降低；检查干草贮存情况,露天干草要垛好封泥,防止雨季到来被淋湿而发生霉烂变质。

(5)五月份 继续做好干草贮存工作;在地沟和低湿处洒杀虫剂,消灭蚊、蝇。

(6)六月份 天气渐热,要做好防暑降温的准备工作。

(7)七月份 全年最热和降雨集中的时期,重点工作应放在防暑降温上,做到水槽不断水,检修运动场凉棚,给牛创造一个舒适的条件,力争生产性能不降低;防止雨季引起肢蹄疾病,清除运动场粪便并使运动场不积水,对牛实施浴蹄。

(8)八月份 除继续做好防暑降温工作外,要注意牛舍及周围环境的排水,保持牛舍、运动场清洁、干燥。

(9)九月份 检修青饲切割机和青贮窖,抓紧准备过冬的草料,制作青贮饲料,调制青干草。

(10)十月份 继续制作青贮。组织好人力、物力集中打歼灭战,争取在较短时间内保质、保量地完成青贮饲料工作。注意利用牛的生物学特性抓秋膘,以便获得最大的经济效益。

(11)十一月份 做好块根饲料胡萝卜等的贮存工作;并进行秋季驱虫。

(12)十二月份 总结全年工作,制定下年的生产计划;做好防寒工作,牛舍门窗、运动场的防风墙要检修;冬季日粮要进行调整,适当增加精料喂量。

190. 怎样编制牛场饲料计划?

为了使养牛生产在可靠的基础上发展,做到心中有数,牛场要制定饲料计划。编制饲料计划时,先要有牛群周转计划(就是某时期各类牛的饲养头数)、各类牛群维持和生产的饲料定额等资料,按照牛的生产计划,定出每个月消耗的草料数,再增加 5%～10% 的损耗量,求得每个月的草料需求量,各月累加获得年总需求量。即为全年该种饲料的总需要量。

各类牛群维持和生产的饲料定额大致如下。

(1)精饲料 成年母牛需要量为基础料 2～3 千克/头·天,产奶料按每 3 千克奶提供 1 千克精饲料计算;育成母牛和青年母牛按 2～3 千克/头·天计算;犊牛按 1.5 千克/头·天计算。损耗量按 5% 计算。

(2)干草 以干草当量表示,干草当量 1 千克就是表示 1 千克干草。每头成年母牛年需 3.5 吨。1 千克干草顶替 3～5 千克青贮饲料或青干草。育成母牛和青年母牛按成年母牛的 50%～60% 计算;犊牛干草按 1.5 千克/头·天计算。

根据全场各月份的产奶量或产奶计划、牛群规模与牛群结构计算出各个月和全年精饲料量和青贮饲料量及干草量。

根据精饲料配方计算出玉米、豆粕、麻饼等饲料的用量。精料至少提前备 1 个月原料。

根据饲料原料的主要产地和生产季节备料,能显著降低饲料生产成本。

191. 怎样制定产奶计划?

产奶计划是奶牛场的核心计划,是制定饲料供应计划、鲜奶销售计划、乳制品加工计划的依据。

(1)制定产奶计划需要的资料

第一,本计划年度内每头产奶母牛基本情况:本计划年度中是第几个泌乳期,计划年度末是第几个泌乳月,上个泌乳期 305 天产奶量,最高日泌乳量及出现的时间,每个泌乳月产奶情况,以便了解各泌乳月产奶量的变化规律。

第二,牛群配种情况,根据最后 1 次配种期预计每头牛的下 1 个年度预产期和干奶期。

第三，母牛本身的健康状况和体况，尤其是有无乳房炎等。

第四，计划在下 1 个计划年度投产的初胎母牛的预产期，本身生长发育情况，其同胞姐妹的第一胎平均产奶量，或本场第一胎平均产奶量及泌乳期长短，或者其母亲第一胎的产奶情况等。

第五，本计划年度气候、饲料供应和饲草料贮备情况，并判断下个计划年度饲料生产，供应情况等的改善程度。

第六，该品种或本奶牛群各泌乳期泌乳量的变化规律。

(2)制定方法和步骤　为便于理解，结合一个实例进行制定。

第一，根据本泌乳期产奶量预计下个泌乳期产奶量。由于不同泌乳期的产奶量变化存在一定的规律（表 10-1），所以对于经产牛，在一般情况下利用这个规律可得出计划年度中，新泌乳期的理论产奶量。刚投产的初产牛，第一泌乳期产奶量依据(1)中的第四确定。

表 10-1　北方荷斯坦牛不同泌乳期与产奶量的关系　（%）

泌乳期	一	二	三	四	五	六	七	八
产奶量比较	62.9	86.2	95.1	99.1	100.0	99.7	95.0	85.0

第二，根据上述理论产奶量，结合本计划年度饲料、牛只健康、体况和管理工作的改善情况，对理论产奶量进行修订。例如，因为乳房炎损失乳区后，一般不易彻底恢复，使以后产奶量大受影响，一般前面 1 个乳区损坏时，减去正常产奶量的 20%，后面 1 个乳区损坏时减去 30%。

第三，根据牛群配种情况，推算出该牛的预产期和干奶期（一般干奶期为 60 天）。

第四，根据已修订的产奶量，对应表 10-2，找出各泌乳月的理论日平均产奶量。

第五，根据各泌乳月的理论日平均产奶量，再根据各泌乳月在各自然月中的实际泌乳天数，算出各自然月的理论产奶量。

第六，根据各自然月的理论产奶量，结合各自然月的气候特点和粗饲料供应情况进行调整。

第七，列出调整后的各自然月的计划产奶量，即为该牛只该计划年度的产奶计划。

第八，把全场所有该年度泌乳牛的产奶计划按照该方式计算出，即为该牛场的年度产奶计划。

表 10-2　计划产奶与每泌乳月日产奶量分布　（千克）

计划本胎产奶量	一月	二月	三月	四月	五月	六月	七月	八月	九月	十月
2700	11	13	12	10	10	9	8	7	6	4
3000	12	14	13	12	11	10	9	8	6	5
3300	13	15	14	13	12	11	10	9	7	6
3600	14	17	15	14	13	12	11	10	8	6
3900	16	18	16	15	14	13	12	10	9	7
4200	17	19	17	16	15	14	13	11	10	8
4500	18	20	19	17	16	15	14	12	10	9

计划本胎产奶量	一月	二月	三月	四月	五月	六月	七月	八月	九月	十月
4800	19	22	20	19	17	16	14	13	11	9
5100	21	23	21	20	18	17	15	14	12	10
5400	21	24	22	21	19	18	16	15	13	11
5700	22	25	24	22	20	19	17	15	14	12
6000	24	27	25	23	21	20	18	16	14	12
6300	25	28	26	24	22	21	19	17	15	13
6600	26	29	27	25	23	22	20	18	15	14
6900	27	30	28	26	25	23	21	19	17	14
7000	26	30	29	28	26	24	21	18	16	15
8000	28	34	33	31	30	28	25	22	19	17
9000	32	40	38	36	33	31	28	24	20	18

(3)举例说明 例如:编号为 0948 牛(表 10-3)第三泌乳期的实际产奶量为 6 450 千克,根据表 10-1,则第四泌乳期的理论产奶量为 6 721 千克(6 450÷95.1%×99.1%)。

0948 牛第四泌乳期的产奶量修订为 6 900 千克。那么,各泌乳月的日平均产奶量见表 10-2。现在假定对各泌乳月的理论日平均产奶量和各自然月的理论产奶量都不调整,来制定 0948 牛 2009 年度的产奶计划,结果见表 10-3,表 10-4。

表 10-3　牛群基本情况表

牛　号	第三泌乳期305天泌乳量	第三泌乳期产犊日期	配　种						预产日期	预计干奶日期	营养状况
			与配公牛	预定配种日期	实际配种日期						
					第一次	第二次	第三次				
0948	6450	08.06.4	H101	08.08.4	08.08.2	08.08.23			09.5.29	09.3.29	中
·						·				·	·

表 10-4　0948 牛 2009 年年度产奶计划汇总表

项　目	1	2	3	4	5	6	7	8	9	10	11	12	合计
第三泌乳期各泌乳月的理论日平均产奶量	25.5	28.5	26.5	24.5	22.5	21.5	19.5	17.5	15.5	13.5			
第四泌乳期各泌乳月的理论日平均产奶量	27	30	28	26	25	23	21	19	17	14			
各自然月产奶量	536.5	432	391.5		81	819	922	858	775	763	678	595	6851
实际月份	6	7	8	9	10	11	12	1	2	3	4	5	

192. 奶牛场怎样进行防疫管理?

(1)建筑规划防疫要求

第一,牛场除建围墙外,还应有防疫沟或隔离沟。

第二,生产区和生活区、办公区严格分开。

第三,生产区门口设消毒室和消毒池。消毒室内应装紫外灯、备洗手用消毒液或消毒器;消毒池内放置 2%～3%氢氧化钠液或 0.2%～0.5%过氧乙酸等药物,药液定期更换以保持有效浓度。应设醒目的防疫标志。

(2)管理方面

第一,生产区工作人员及与生产区密切接触的管理人员及其家属必须经过卫生防疫部门体检合格后,方可持证上岗。

第二,生产工人应保持个人卫生。上班应穿清洁工作服、戴工作帽和及时修剪指甲。每年至少进行 1 次体格健康检查,凡检出结核、布病等人兽共患传染病者,应及时调离牛场。

第三,非本场车辆、人员不得随意进入场内。进入生产区的人员需更换工作服、胶鞋。不准携带动物、畜产品等物进场。

第四,经常保持牛场环境卫生。运动场无石头、砖块及积水;牛床每天清扫,运动场定时清除,粪便及时清除出场经堆积发酵处理;尸体、胎衣深埋或化制。

第五,夏季做好防暑降温、驱灭蚊蝇等工作,冬季做好防寒保暖工作,如在迎风面架设防风墙、牛床与运动场内铺设褥草等,提高牛体的抗病力。

第六,每年春、秋季对全场进行消毒,灭鼠和牛体驱虫。

第七,根据国家动物防疫法、家畜家禽防疫条例及实施细则的有关规定,对严重危害奶牛生产和人体健康的奶牛疫病实行计划免疫制度,实施强制免疫。

第八,根据当地流行病的情况,定期检查疫情,必要时要注射疫苗。

第九,严格控制牛只出入。调入牛时,必须有法定单位的检疫证书,进场前,经隔离检疫,确认健康后方可进场入群。

193. 牛场的经济效益怎样计算？

奶牛场的主要产品是牛奶，牛奶是奶牛、劳动力、土地、房屋等诸要素的组合而生产出来的。奶牛场生产的所有产品所创造的价值称为总产值，为产品的产出而花费的资源价值成为总费用，实现总产值超出总费用而获利是任何经济实体的奶牛场得以维持和扩大再生产所必需的。

奶牛场的总产值包括：牛奶等产品的销售值；奶牛场自产而又为自己生产服务所耗费的那部分产值（如一部分牛奶用于哺乳犊牛，或用于生产乳制品，牛粪用于产生沼气等）；奶牛场自产而又为自己消费的那部分产值（沼气用于牛舍、挤奶厅照明和餐厅的燃料等）；牛群的增值；库存值。

奶牛场的总费用分为两部分，即固定费用的可变费用。这些费用包括：饲料、燃料、运输费、水电费、药品、工资、低值易耗品、人工授精费、财务费、管理费、土地使用费、牛舍、设备折旧费和机器维修费等。

总产值－总费用＝盈或亏

分析奶牛场的盈或亏的情况，有助于查找在组织生产经营活动中存在的薄弱环节，这些环节有：奶牛单产低、集约化程度不够、固定资产投入过大、饲料原料价格较高、牛奶销售价较低、奶质量不合格、疾病防控不力使医药费过大等。

通过计算经济效益，能反映奶牛场为生产所投入的劳动力、土地和资金获取报酬的程度。

194. 怎样对奶牛场的经营活动进行分析？

奶牛场的经营活动分析是判断企业经营活动效果优劣的方法。开展经营活动分析时，首先要收集现阶段各种资料，包括各种台账和有关记录数据，根据原来的目标进行综合分析处理，分析的主要内容包括：

全年牛奶产量（分析各个月产奶情况、气候等环境因素影响等）和牛奶质量（牛奶是否达到国家标准，如蛋白质、脂肪和非脂固体物含量、体细胞数等）。

全年各项技术指标，如繁殖上的总受胎率、繁殖率、犊牛成活率、各类牛死亡率、淘汰率、犊牛和育成牛的日增重等。

成本控制如物质消耗情况（饲料、饲草、工资、资产折旧、电、燃料、医药费、企管费、财务费）等。

劳动力使用情况，如是否按劳动定额、劳力的技术水平、工作是否规范化和程序化。

设备使用情况如设备利用、更新情况、维修和完好率等。

利润和财务，如固定资金和流动资金的占用、专项资金的使用、财务收支情况等。

经过与目标对比分析后，再与上年同期对比、与本场历史最好水平相比、与国内同行对比分析。

在分析中，要从实际出发，充分考虑市场动态、场内的生产情况以及人为、自然因素的影响，从而提出具体措施，巩固成绩，改进薄弱环节，达到提高经济效益的目的；并依据经营分析和主客观情况，调整下年度生产计划。

依据本场现有条件和可能变化的情况（如资金、场地、劳力）从企业内部挖潜增效是企业生存、发展壮大的根本动力，调动每个员工的劳动积极性是企业提高业务管理水平、经营水平和企业综合决策水平的宗旨。

主要参考文献

[1]　莫放．养牛生产学．北京：中国农业大学出版社，2003.

[2]　冯仰廉．反刍动物营养学．北京：科学出版社，2004.

[3]　冀一伦．实用养牛科学．北京：中国农业出版社，2001.

[4]　李建国，冀一伦．养牛手册．石家庄：河北科技出版社，1997.

[5]　黄应祥．养牛学．太原：山西高校联合出版社，1993.

[6]　黄应祥．奶牛养殖与环境监控．北京：中国农业大学出版社，2002.

[7]　昝林森．牛生产学．北京：中国农业出版社，2007.

[8]　全国畜牧兽医总站．奶牛营养需要和饲养标准（修订第二版）．北京：中国农业大学出版社，2000.

[9]　[美]国家科学研究委员会修订，孟庆翔主译．奶牛营养需要（第七次修订版）．北京：中国农业大学出版社，2001.

[10]　白元生．饲料原料学．北京：中国农业出版社，1999.

[11]　东北农学院．家畜环境卫生学．北京：中国农业出版社，1999.

[12]　张沅，王雅春，张胜利主译．奶牛科学．北京：中国农业大学出版社，2007.

[13]　黄应祥,张拴林,刘强．图说养牛新技术．北京:科学出版社,1998.

[14]　张拴林,黄应祥．牛饲料的配制．北京:中国社会出版社,2005.

[15]　梁学武．现代奶牛生产．北京:中国农业出版社,2002.

[16]　肖定汉．牛病防治．北京:中国农业大学出版社,2000.

[17]　杨风．动物营养学．北京:中国农业出版社,2001.

[18]　张拴林.反刍动物繁殖调控研究.北京:中国农业出版社,2003.

[19]　张拴林,黄应祥,杨致玲,刘强.反刍动物蛋白质评价的新体系.中国饲料,2000(12).

[20]　张拴林,黄应祥,岳文斌,刘强.日粮能量水平对奶牛生殖激素分泌的研究.激光生物学报,2007,16(1).

[21]　张拴林,黄应祥,岳文斌,刘强.油脂对奶牛生产性能的影响.中国奶牛,2007(4).

[22]　张拴林,岳文斌,黄应祥,刘强.能量对奶牛繁殖力的影响.中国奶牛,2004(4).

[23]　张拴林,黄应祥,岳文斌.蛋白质对奶牛繁殖力的影响.中国奶牛,2004(6).

[24]　中国农业大学．家畜繁殖学．北京:中国农业出版社,2000.

[25]　张晋举．奶牛疾病图谱．哈尔滨:黑龙江科学技术出版社,2004.

[26]　郝丽梅,杨致玲．玉米秸不同氨化处理对育成牛

的肥育效果．中国农学通报,2007(11).

[27]　郝丽梅,杨致玲．麦秸不同氨化处理对肉牛饲喂效果的研究．中国农学通报,2009(1).

金盾版图书，科学实用，
通俗易懂，物美价廉，欢迎选购

蛋鸡饲养员培训教材	7.00元	新城疫及其防制	6.00元
蛋鸡无公害高效养殖	14.00元	鸡传染性法氏囊病及	
怎样提高养蛋鸡效益	12.00元	其防制	3.50元
蛋鸡标准化生产技术	9.00元	鸡产蛋下降综合征及	
蛋鸡养殖技术问答	12.00元	其防治	4.50元
蛋鸡饲养技术(修订版)	5.50元	怎样提高养鸭效益	6.00元
蛋鸡高效益饲养技术		科学养鸭(修订版)	13.00元
(修订版)	11.00元	肉鸭饲养员培训教材	8.00元
新编药用乌鸡饲养技		肉鸭高效益饲养技术	10.00元
术	12.00元	蛋鸭饲养员培训教材	7.00元
怎样配鸡饲料(修订版)	5.50元	北京鸭选育与养殖技术	7.00元
鸡病防治(修订版)	8.50元	骡鸭饲养技术	9.00元
鸡病诊治150问	13.00元	稻田围栏养鸭	9.00元
养鸡场鸡病防治技术		鸭病防治(第4版)	11.00元
(第二次修订版)	15.00元	鸭病防治150问	13.00元
鸡场兽医师手册	28.00元	鹅健康高效养殖	10.00元
科学养鸡指南	39.00元	种草养鹅与鹅肥肝生产	6.50元
鸡饲料科学配制与应用	10.00元	肉鹅高效益养殖技术	12.00元
节粮型蛋鸡饲养管理		怎样提高养鹅效益	6.00元
技术	9.00元	高效养鹅及鹅病防治	8.00元
土杂鸡养殖技术	11.00元	青粗饲料养鹅配套技	
果园林地生态养鸡技术	6.50元	术问答	11.00元
生态放养柴鸡关键技术		珍特禽营养与饲料配制	5.00元
问答	12.00元	鹌鹑高效益饲养技术	
养鸡防疫消毒实用技术	8.00元	(修订版)	14.00元
鸡马立克氏病及其防制	4.50元	鹌鹑规模养殖致富	8.00元

以上图书由全国各地新华书店经销。凡向本社邮购图书或音像制品,可通过邮局汇款,在汇单"附言"栏填写所购书目,邮购图书均可享受9折优惠。购书30元(按打折后实款计算)以上的免收邮挂费,购书不足30元的按邮局资费标准收取3元挂号费,邮寄费由我社承担。邮购地址:北京市丰台区晓月中路29号,邮政编码:100072,联系人:金友,电话:(010)83210681、83210682、83219215、83219217(传真)。